知りたい！サイエンス

正しく理解する 気候の科学

論争の原点にたち帰る

中島映至＋田近英一

近年問題となっている**地球温暖化**という**気候変化現象**は、**地球**という大きく、さまざまな**構成要素**から成り立つものと関わるため、その**複雑な本質**を理解することは、決してたやすくない。そこで本書は、視点を一度、**全地球史**が見えるまで拡げたうえで、**温暖化の問題**がその中でどのように位置づけられるか、どの**メカニズム**が同じで、どれが違うかについて、**明確なイメージ**を提供することを試みるものである。

技術評論社

はじめに

人間活動が引き起こす地球温暖化現象について論じた一般書は数多くあり、そこにはたくさんの役立つ知識が示されています。しかし、それでもなお、地球温暖化に関する疑問の声があとを絶ちません。これは、地球というものが非常に大きくてさまざまな構成要素から成り立っているために、地球表層で起きている平均値な状態（これを気候と呼びます）でさえも複雑に変化して、すぐには理解しづらいためだと考えられます。そのために、変化メカニズムについての誤解や、時間スケールの混同がよく見られます。

そこで本書では、一度、視点を全地球環境史が見えるまで思いきり広げて、この問題を考えることにしました。まず気候変動の全体像を把握したうえで、現在の地球温暖化問題がその中でどのように位置づけられるか、どのメカニズムが同じでどれが違うのか、という明確なイメージを持つことが、より良い理解につながると考えたからです。

このようにしてみると、地球の気候は実にさまざまなメカニズムによって変化してきたことが見えてきます。本書の目的のひとつは、これらの気候変動現象のメカニズムをできるだけ自然の基本原理に立ち返って説明することです。

第1章では、気候の形成にとって重要な物理法則・温室効果・日傘効果といった重要な概念を説明します。そして、第2章と第3章では、はるか46億年の地球史の旅に出ます。そこでは、大気・海・地殻・生命の間のダイナミックな相互作用が登場します。この旅は、第4章の最近百万年から現在までの気候変動の話で終わります。過去に生じた気候変動でも、数年~数十年程度の時間スケールで生じる現象は、現在の私たちにも決して無縁とはいえないことがわかるでしょう。そして、第5章と第6章では、これらの気候変化の知識を基礎に、現在と将来の気候変動について考えます。この時代は、私たちが生きている時代です。豊富な地球観測データとスーパーコンピュータによる大規模な気候モデリングによって、地球温暖化の研究がどのように行われているかを見てみましょう。

これらの壮大なストーリーの中には、我々、研究者自身にもまだよくわからないことがたくさんあります。そのような最先端の話題や問題にも触れながら、気候の科学を紹介したいと思います。この驚異に満ちた地球気候変動のサイエンスを、ぜひとも楽しんでください。そして、我々の住むかけがえのない地球の上で現実に起こっている地球温暖化問題について考えてゆきましょう。

2012年12月

中島　映至
田近　英一

Contents

はじめに …… 2

第1章

地球気候の形成原理 …… 11

1-1 地球温暖化問題をどう捉えるか …… 12
1-2 光と物質のエネルギー …… 17
1-3 放射エネルギーの収支 …… 21
1-4 大気分子と光 …… 26
1-5 「温室効果」と「日傘効果」が気温を決める …… 32
1-6 地球は自らのフィードバック機能で環境を維持している …… 38

第2章 全地球史のなかの気候の変遷
——数十億年スケールの俯瞰……47
2-1 太陽の誕生……48
2-2 二酸化炭素はかつて大気の主成分だった……52
2-3 二酸化炭素はどこへいったのか……55
2-4 太陽光度の増大と炭素循環……58
2-5 酸素濃度の増加とオゾン層の形成……61
2-6 海は安定に存在してきた……65
第3章 数十億年から数億年スケールの気候変動……69
3-1 気候の進化：数十億年スケールの変動……70
3-2 地球は温暖化と寒冷化を繰り返してきた……74
3-3 全球凍結イベント：数十万〜数百万年スケールの変動……78

3-4 顕生代の気候変動：数千万年スケールの変動……84
3-5 白亜紀の温暖化と海洋無酸素イベント：数百万年スケールの変動……90

第4章 最近の百万年スケールの気候変動……95

4-1 数万〜数十万スケールの変動……96
4-2 地球の軌道要素の変化が気候を変える……99
4-3 氷期・間氷期の10万年周期の謎……103
4-4 5500万年前の突然の温暖化：数千年スケールの変動……108
4-5 ダンスガード・オシュガー・イベント：数年〜数十年スケールの変動……112
4-6 ヤンガー・ドリアス：数年〜数十年スケールの変動……116
4-7 ハインリッヒ・イベント……118

4-8 1万年前から現代まで……120
4-9 安定気候と文明の発達……123

第5章 近年の気候変化を理解する……125

5-1 近年の気候研究に求められる要件……126
5-2 もうひとつの地球をつくって温暖化の原因を探る……128
5-3 気候変動と時間スケール……133
5-4 気候系を駆動する放射強制力……134
5-5 人間の活動でCO_2の濃度は急上昇した……143
5-6 大気汚染の影響……148
5-7 火山活動の影響……151
5-8 太陽活動は短周期で変動している……153
5-9 銀河宇宙線説……158

第6章

21世紀の気候予測と次世代気候モデル ……… 161

6-1 21世紀の気候予測 ……… 162
6-2 増え続ける二酸化炭素 ……… 171
6-3 応答する生物圏 ……… 173
6-4 急激な温室効果ガスの放出を引き起こす永久凍土の融解 ……… 175
6-5 極端気象現象の変化 ……… 177
6-6 【熱塩循環＝海洋大循環】の停止 ……… 179
6-7 北極域の雪氷の融解 ……… 181
6-8 不可逆的な海面上昇を引き起こす西部南極氷床 ……… 183
6-9 次世代の気候モデル ……… 184
6-10 今、何が必要か？ ……… 189

あとがき……191
引用・参考文献……201
索　引……206

第1章

地球気候の形成原理

1-1 地球温暖化問題をどう捉えるか

近年の気候変化や温室効果ガスの削減に関する議論に登場する「地球温暖化現象」と呼ばれる言葉は、大気中の二酸化炭素やメタンなどの温室効果ガスが人間活動によって増加することによって新たな温室効果が発生し、地表付近の気温が全球規模で上昇する現象のことを指します。このような現象が地球規模で果たして起こっているのか？どれくらいの気温上昇をもたらすのか？といった疑問は、誰もが抱く重要なもので、科学界でも、1827年のジョセフ・フーリエの二酸化炭素による地球温暖化仮説や、1900年前後のスヴァンテ・アレニウスとクヌート・オングストロームの気温上昇の大きさに関する議論など、200年近くの歴史があります。現在でもさまざまな議論があり、懐疑論に至っては、そのような現象は起こっていないと主張するものまであります。

IPCC[*1]（気候変動に関する政府間パネル）が1988年に設置されて以来、世界中の専門家がこの問題を20年以上にわたって検証してきました。その結果として、第4次評価報告書の中では、過去100年（2000年まで）あたり0.74℃の速度で温暖化が起きており、現在それが加速していると報告されています。また、その主な

＊1 IPCC
Intergovernmental Panel on Climate Changeの略。世界中から専門家が集まり、地球温暖化現象についての研究や情報の整理・発信を行う政府間機構のこと。

原因が、「人間活動によるものであることはほとんど疑いがない」と結論づけられています。それは次のような点にまとめられます。

• 大気中の二酸化炭素、メタン、一酸化二窒素の濃度が、産業革命以前より増加している。
• これらの温室効果ガスの増加は、主に化石燃料の使用などの人間活動に原因がある。
• これらの温室効果ガスが顕著な温室効果を引き起こしている。
• 人間活動による温室効果ガスの増加を考慮したシミュレーション結果と、考慮しない結果の差が、近年の気候変化を直接観測したデータが示す温暖化傾向と一致している。

あとで触れる温室効果ガスの増加と温暖化は、過去の地球史を見ればすでに繰り返し起こっていることなので、それ自体は特別な現象ではありません。では、いったい何が問題なのでしょうか？

それは、私たちが生きている時代に、「人間社会」という高度に発達し、効率化した人工の仕組みがある点なのです。この仕組みの資産価値は、人間の立場から見れば莫大なもので、その資産に影響を与えると、大きな社会的混乱を引き起こすことにもなります。

とはいえ、これは私たち人間の勝手な理屈です。温暖化の仕組みを理解することと、それをコントロールしたいかどうかは別の問題で、後者は社会の意志の問題になります。しかし、変化の仕組みを理解しないと、正しく判断することができません。その意味で、現象を正しく理解することは人間社会にとって非常に重要なことなのです。

地球史をひもといてみれば、地球気候は非常にダイナミックに変動してきたことがわかりますが、そもそも、ここが混乱の源です。「なぜ、過去にあったような現象が、現在の地球温暖化問題のなかで起こっていないといえるのか?」と考えられるからです。ここで、地質時代・先史時代の気候変動をも含んだ古気候学的な観点で、気候変動をまとめてみましょう。

- 過去1300年間に絞ってみた場合、1980年以降の急激な温暖化以外に、穏やかな温暖期と穏やかな寒冷期が1回ずつあった。
- 約12万5000年前では現在よりも温暖だった。北極・南極の氷雪が減少し、それに対応するように海水面が4〜6メートルほど上昇したと考えられる。これは夏の高緯度における太陽放射の増大に起因していると考えられている。

- 過去100万年の期間では約10万年の周期で暖候期と寒候期が繰り返された。しかし、それより前は約4万年の周期で繰り返されていた。
- さらに数億年の時間スケールで見れば、もっと大規模な温暖化が起こっていた。しかし、海が存在できなくなるほど暑くなることはなかった。むしろ、隕石衝突による激烈な環境変化や海洋の酸欠（海洋無酸素）イベント、全球凍結イベント＊2などのほうが、生物の生存にとっては脅威だった。

この観点から考えれば、現在の温暖化現象は特別なものではありません。現在よりも、もっと大きな温暖化は過去に起こっていますし、海水準の変化も大きかったのです。産業革命以降に起こっている温暖化傾向はせいぜい1℃程度であり、海水準の増加も20センチメートル程度にしかなりません。

しかし将来シナリオによる計算によれば、このまま人間活動による温室効果ガスが排出され続ければ、50年以内に全球地表面平均気温は2℃以上の上昇を免れないといわれています。ＩＰＣＣ第4次報告書によって科学者が指摘しているところでは、適

＊2　**全球凍結イベント**
地球表面全体が氷に覆われたとする超寒冷化イベント。今から約6億5千万年前、約7億3千万年前、約23億年前の少なくとも3回生じたと考えられている。

度な温暖化は、厳冬の緩和など、人間社会に恩恵をもたらすことが多いですが、全球平均気温で2℃以上の温暖化は、雪氷の融解や干ばつの進行、熱帯化による被害のほうが大きくなります。

前述したように、この変化は数億年に渡る過去の気候変化からすれば小さなものです。この変化が問題なのかどうかは、私たち人間が判断しているにすぎません。それをあたかも、地球温暖化に関する現在の知見が間違っているとか、過去に起こった数億年の現象が再び100年程度の時間スケールで起こるといった見解は、この問題の論点を大きく外したものであるといえます。

さて、このような地球温暖化の価値論は別の書物に譲ることにして、本書の主題である地球気候の形成と変化のメカニズムについて、科学的に考えていきましょう。

1-2 光と物質のエネルギー

まず、気候形成にとって最も基本になる、光と物質のエネルギーについて考えましょう。数ある原理のうち、もっとも基本となるのはエネルギー保存則です。光もエネルギーを持っているのですが、この原理によると、物質が持つエネルギーと光のエネルギー（これを放射エネルギーと呼びます）を足した全エネルギーは保存されます。このため、物質は外部からエネルギーを加えると温度が上がります。エネルギーを加えるという行為は、たとえばガスバーナーでものを温めるとか、冬の縁側でひなたぼっこをするというように、火や太陽光といったエネルギー源から、物質がエネルギーを得ることです。

地球にとってのエネルギー源は太陽です。その太陽エネルギーは、核融合反応によって作り出されています。核融合では、軽い元素が「融合」することによって全体の質量が減り、その質量の欠損分がエネルギーとして放出されます。太陽（恒星）の内部では、熱核融合反応により水素がヘリウムに変換されて膨大なエネルギーを生み出しています。文字どおり「星（太陽）が燃えている」のです。その結果、1秒間に430万トンの質量が$3 \cdot 9 \times 10^{11}$ペタワット（ペタは10の15乗）のエネルギーに変換されています。＊3

＊3 **3.9×10^11ペタワットのエネルギー**
TNT火薬に換算して、9.1×10^{16}トンに相当する。TNTとはトリニトロトルエンという化学物質で、核兵器の威力を換算することを「TNT換算」という。

太陽内部で発生したエネルギーは、数十万年ののちに太陽の表面に達します。さらに表面では、エネルギーのほとんどが可視光を含む、0・2ミクロンから4ミクロンの波長を持つ電磁波となって、宇宙空間に放出されます。この太陽光が、地球に降りそそいで地球を暖めるのです。これが「太陽放射」になります。

太陽からやってくる放射エネルギーフラックス＊4は、平均的に地球表面の1平方メートルあたり341ワットです。ちょうど、1キロワットの電熱器で1坪の土地を暖めるのと同じことです。この放射エネルギーフラックスを吸収することによって物質はある温度を持ち、当然、同じ物質であれば放射エネルギーフラックスが大きいほうが温度は高くなります。太陽からの放射エネルギーをより多く受けている熱帯地方が高緯度の地域よりも暖かいのは、このためです。

1億5000万キロメートルの彼方にある太陽の光球を地球から見ると、たとえるならば、腕を伸ばして持った5円玉の穴と同じくらいの大きさです。月の見かけの大きさも同じくらいなので、月で実験すればまぶしく感じることなくできます。逆に太陽表面から見た地球は、同じようにたとえると直径0・05ミリの小さな円でしかありません。したがって、地球が受け取るエネルギーは、太陽から出力されるエネルギーのたった6億分の1（175ペタワット）にすぎないのです。現在、人間によって消費され

＊4　**フラックス**
単位時間単位面積あたりに流れる量のことで、「流束」と訳される。ここでは、太陽から放射されるエネルギー量を指す。

るエネルギーは約0・015ペタワット（年間、石油100億トン換算）ですから、地球が受け取るエネルギーは、この約1万倍になります。

大気や海洋の運動によって熱帯域から極域[*5]に運ばれるエネルギーは8ペタワット程度です。この運動に使われるエネルギーは、地球に降りそそぐ太陽エネルギーの5%程度なので、地球システムは非常に効率の悪い穏やかなエンジンであることがわかります。それでも人間が使っているエネルギーの500倍以上はありますから、台風などの自然の猛威がいかに大きいのかが理解できると思います。そしてこの莫大なエネルギーが、地球が誕生して以来、気候をコントロールしてきたのです。

地球大気の上端で太陽に向かった面が、単位面積当たり単位時間に受ける1年間平均のエネルギー量を、「太陽定数」あるいは「全太陽放射照度（TSI）」と呼びます。これが私たちの生活を左右するもっとも基本的なエネルギー量です。1980年以降の人工衛星での観測によると、この太陽定数は、$S=1.366kW/m^2$（1平方メートルあたり1366ワット）であり、非常に安定しています（次ページの図1-1）。このエネルギーのうち、3割程度は雲や雪などによってエネルギーが反射されて宇宙空間に戻ります。つまり、地球の惑星反射率[*6]は約3割で、残りの7割が地球を暖め、さらにその半分くらいが直接、地表面に到達します。

＊5　**極域**
南極、北極のこと。

＊6　**惑星反射率**
惑星に入射する太陽エネルギーのうち、惑星によって反射される割合。

したがって、30平方メートル程度の面積を持っている家庭用の太陽発電パネルに降りそそぐ昼間の太陽日射量は、平均で約10キロワットもあります。家庭用に普及している太陽発電パネルの発電効率はだいたい15％くらいですから、実際には、1・5キロワットくらいしか発電できないのですが、慎ましい生活をするにはなんとか足る量です。この値は、緯度や雲の量に大きく依存しますが、日本ではもう少し多く、2キロワットくらいを発電できます。

図 1-1　地球 - 太陽システム

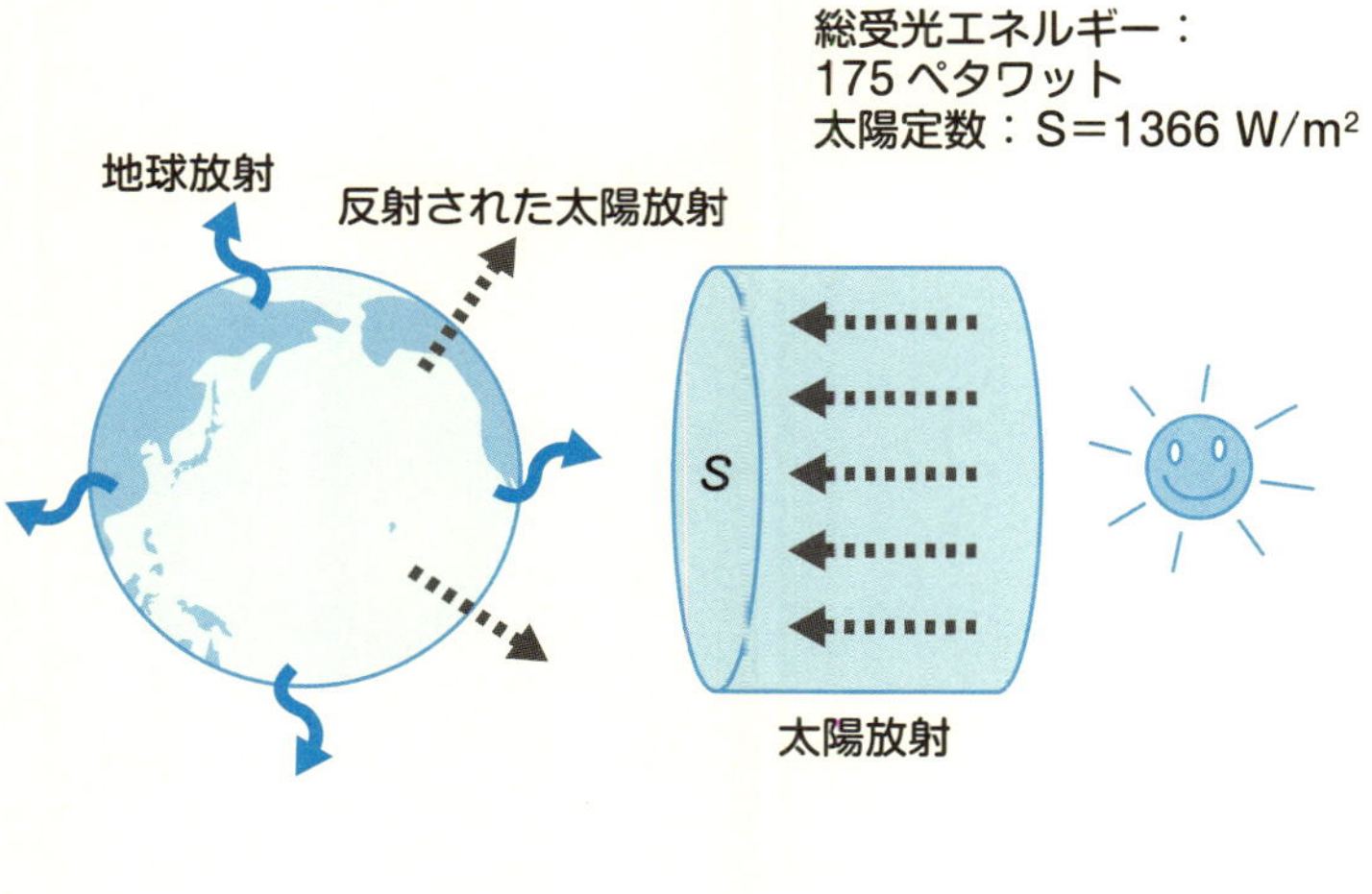

1-3 放射エネルギーの収支

暖まった物質は、その温度に依存して放射エネルギーを放出します。「温度」とは、物理学的にいうと、物質を構成する分子の運動状態*7の目安であり、温度が高いほど運動は激しくなります。周辺よりも温度の高い物質を構成している分子は、衝突などによって周囲の別の分子の運動を活発化させるので、外から冷却するなどの強制を加えない限り、エネルギーは温度の高いところから低いところに流れていきます。ちょうど、朝礼

図 1-2　分子の熱運動

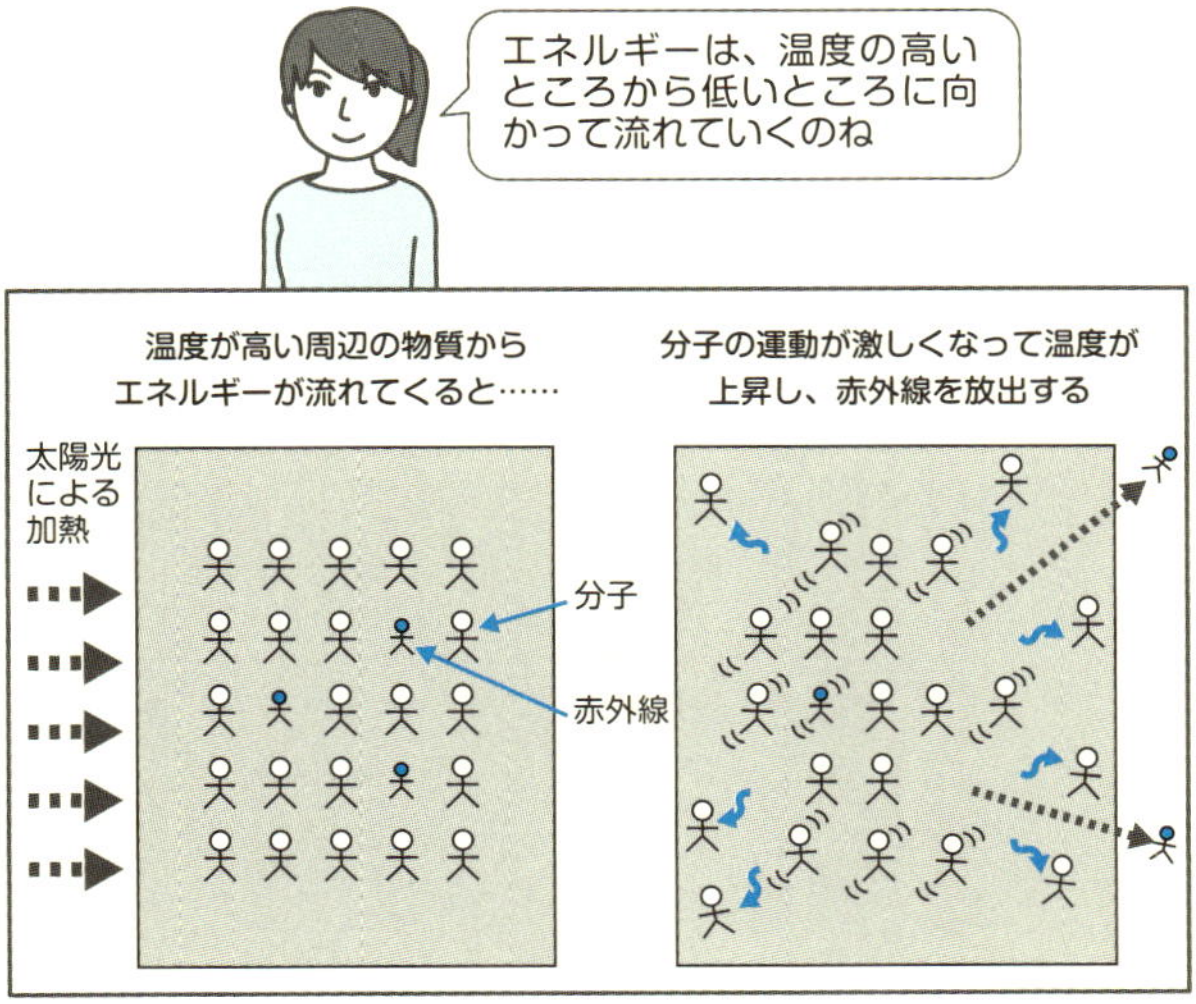

＊7　**分子の運動状態**
並進運動、振動、回転がある。

で整列していた子どもたちが、先生の指導がないと、だんだん列から離れてバラバラになるのと同じです（前ページの図1-2）。

光の量子論によると、このとき、図1-2に示すように物質は光子とも共存していて、大気分子同士が光子をキャッチボールしています。それが周辺にしみ出したものが、物質が放射する光放射です。特に、反射率がゼロの物質（これを黒体と呼びます）は、その温度に特有の波長分布（スペクトルと呼びます）を持つ放射を放出しています。これを黒体放射と呼びますが、プランクの放射関数*8と呼ばれる山型の関数形に従ったスペクトル分布を持っています（図1-3）。この黒体放射の原理によると、プランクの放射関数が最大値を取る波長は、絶対温度Tの逆数に比例する特性があるのです（ウィーンの変位則と呼びます）。つまり、温度が高い物質ほど、波長の短い光を多く出すことになります。

太陽を反射率がゼロの黒体と近似した場合、温度（これを有効黒体温度と呼びます）は約5800Kの黒体に近く、その最大輝度波長は0.5ミクロン（青緑色）です。したがって、図1-3からわかるように、太陽放射は0.2ミクロンから4ミクロンに存在するのです。これに対して、地球の有効黒体温度はずっと低く、宇宙空間に向けて約マイナス18℃（255K）の熱赤外線を射出しています。そのスペクトル最大波長

＊8　**プランクの放射関数**
プランクの法則とも呼ばれる。マックス・プランクは、スペクトルが図1-3のような山型になるには電磁波が光量子の集合でなければ説明できないことを示して、1918年にノーベル賞を得た。

は11ミクロンであり、地球から放射される電磁波(これを地球放射と呼びます)は、4ミクロンから100ミクロンの熱赤外の波長域にそのスペクトルの大部分が存在します。

したがって、図に示す矢印のように、短波長の太陽放射が地球に入射し、それによって暖められた地球から同じ量の長波放射(熱赤外放射)が放出されて、地球系のエネルギーバランスが成り立っています。逆に、外からエネルギーを与えられないと、その物質はどんどん冷えてしまいます(21ページの図1-2で示したように、光子が場外にどんどん出てしまう状況です)。雲のない冬の夜間に気温が下がる現象も、この放射冷却で説明できます。同時に、地面は雲からの赤外放射を受けて暖まっていることもわかります。

このような、放射エネルギー収支が地球表面の

図 1-3 太陽放射と地球放射

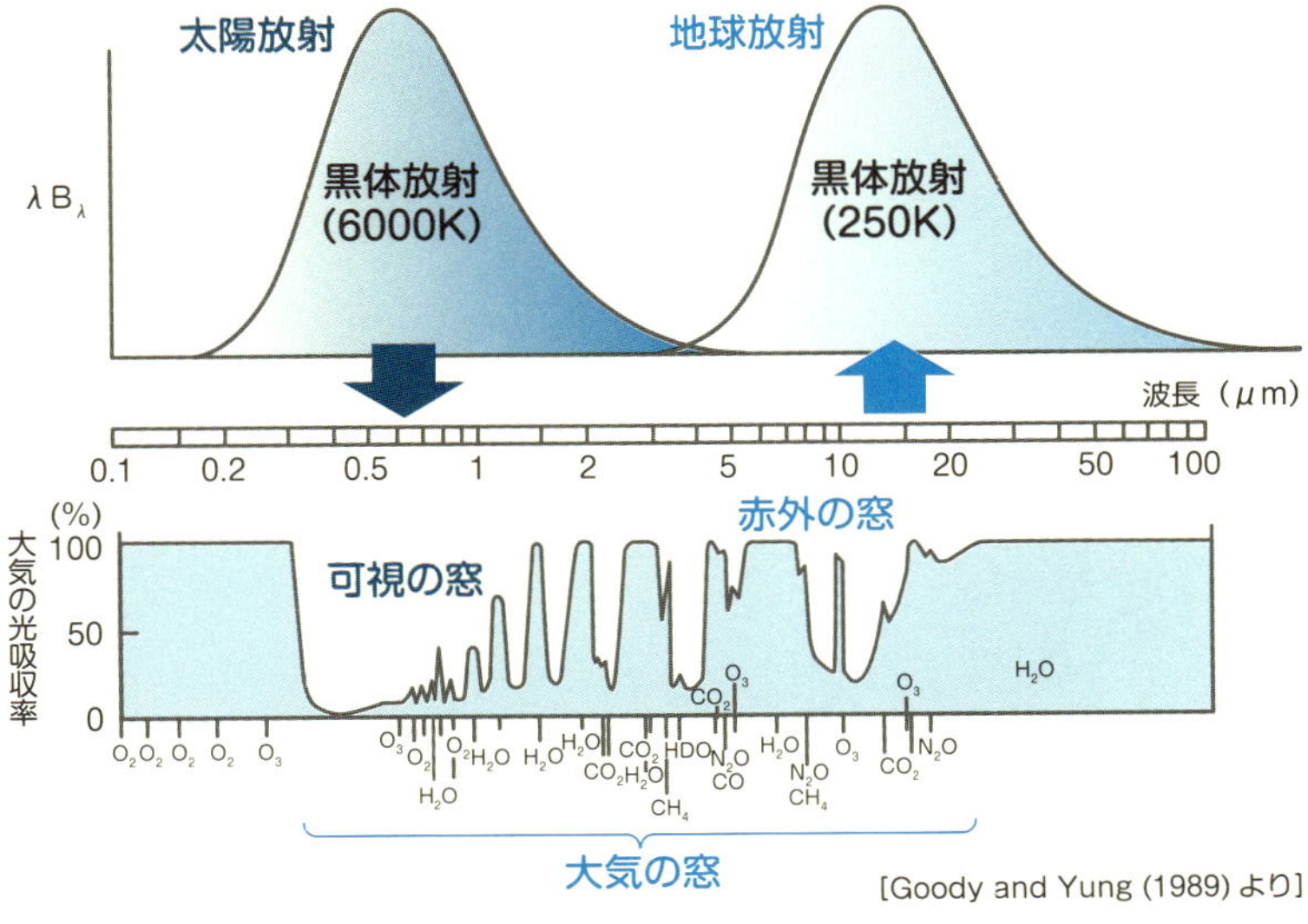

[Goody and Yung (1989) より]

構造にどのように依存するかを見るために、地球表面の1平方メートル当たりの放射エネルギーの収支を図1-4に示します。入射した太陽放射は地球反射率の分だけそのまま宇宙空間に反射され、残りが地球によって吸収されます。そのため、地球が吸収する太陽放射量は、その反射率が増加するにつれて減少します。図では反射率が10%、30%、50%（A＝0・1、0・3、0・5）の場合を示しています。この太陽放射エネルギーが、地球から出ていく熱赤外線で構成される地球放射エネルギーとバランスするまで、地球の温度は上昇します。

氷のない地表面は全球平均で反射率A＝0・1程度ですから、大気がない場合、

図 1-4　地球系の有効黒体温度と放射エネルギー収支

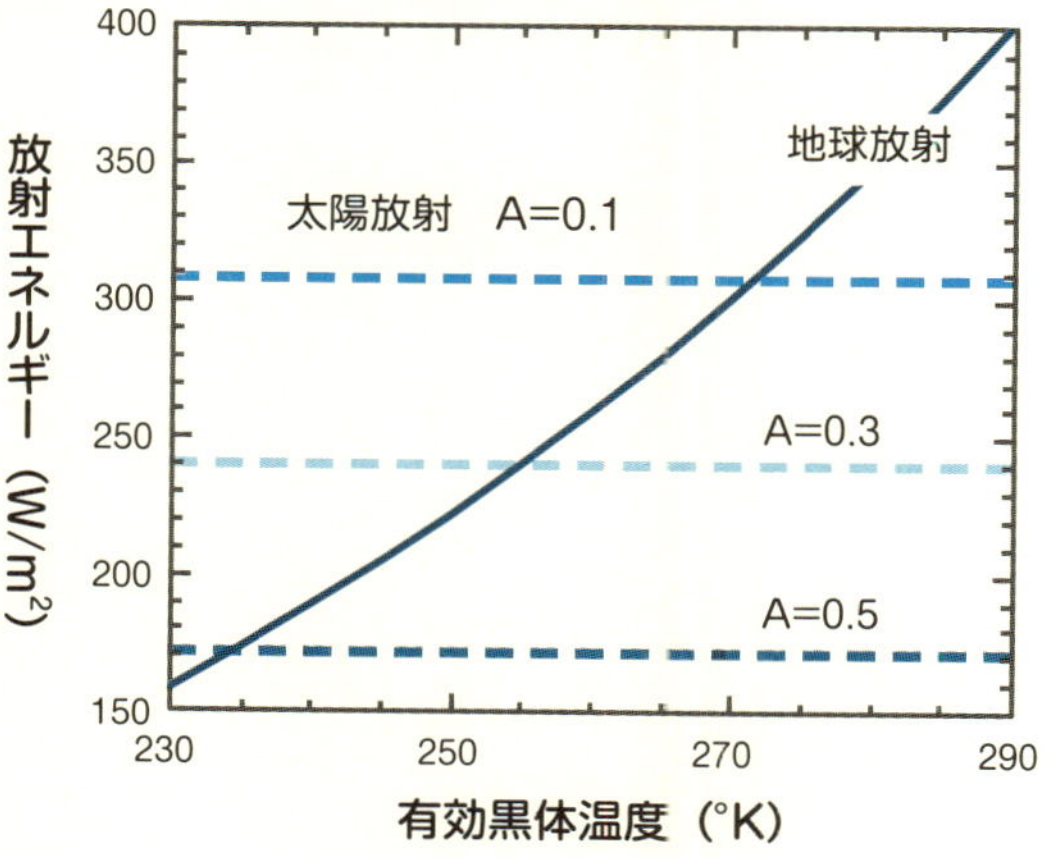

地球の有効黒体温度は、ほぼ絶対温度272度K、つまり、摂氏約マイナス1度となります。現在の地球の場合、雲や雪のために地球の反射率は$A=0.3$程度です。この場合、図1-4によると、大気がない場合よりももっと低い$Te=-18$℃（255K）という有効黒体温度が得られます。地球は、その高い反射率のために、地球全体でマイナス18℃という低い有効黒体温度を持っているのです。地球全体を冷やす要因として雲の存在が重要になります。

ところが、実際の地球表面の温度は290度程度ですから、大気の保温効果がいかに重要かがわかります。このように、温室効果と対流効果により大気温度の鉛直構造*9は一様ではなく、上層で低温、下層で高温となります。先に出てきたマイナス18℃という温度は、だいたい成層圏付近の気温に相当します。ただし地表面付近は、大気がない場合（マイナス1℃）よりも温度がずっと高くなります。このことからも、地球の大気が地表面の保温に絶大な力を持っていることがわかるでしょう。大気が薄い火星では、反射率はたったの15%ですし、逆に、大気が地球よりも厚い金星では反射率が77%にもなります。このことから、惑星を外から見た有効黒体温度と地表面の温度は異なり、それが大気の厚さと組成に関係していることがわかります。次はこの点を見ていきましょう。

＊9　**大気温度の鉛直構造**
大気温度の鉛直分布のこと。大気温度の鉛直分布の特徴から、大気を4つの領域に分けることができる。

1-4 大気分子と光

宇宙の元素の存在比[*10]は、大まかにいって原子番号の少ない順に大きいと考えてよいでしょう（正確には、水素＞ヘリウム＞酸素＞炭素＞窒素＞……の順）。このうち、反応活性の強い酸素の多くは炭素や水素と結合し、一酸化炭素や水となっています。地球が形成される初期段階で、軽い水素やヘリウムは宇宙空間に散らばり、水素と酸素からなる水が海を形作りました。また、酸素と炭素が結合した一酸化炭素や二酸化炭素は、窒素とともに初期大気を形成し、やがてこの初期大気は二酸化炭素を主成分とするものになりました。現在の窒素と酸素からなる大気は、生命による酸素の生産と、後述する炭素循環による二酸化炭素濃度の低下がなければ生まれなかったものです。

このように、地球表層を形成する元素の存在比は、地球の形成、大気と海の形成、およびその後の歴史を経て、宇宙の元素の存在比とは大きく異なるものになりました。こうしてできた現在の地球の大気には、主要なものだけでおよそ12種ものガスが含まれています（表1-1）。

イギリスの物理学者、ジョン・チンダル（1820～1893年）は、水蒸気（H_2O）

＊10　**宇宙の元素の存在比**
宇宙における元素の存在量の割合。

や二酸化炭素（CO_2）、メタン（CH_4）などの気体が、赤外線を吸収できることを発見しました。このような赤外線を吸収することのできる気体を、「温室効果ガス」と呼びます。地球大気に含まれる温室効果ガスには、水蒸気、二酸化炭素、メタンのほか、一酸化二窒素や、ハロカーボン類[*11]（フロンガスなど）もあります。主に工業生産により発生するハロカーボン類の大気中の濃度はきわめて低く、CO_2濃度の100万分の1程度にすぎません。しかし、単位質量あたりの温室効果の大きさはCO_2の数千〜数万倍もあるため、わずかな量でも地球温暖化に与える影響は大きくなります。

そもそもなぜ、CO_2などの温室効果ガスは赤外線をよく吸収するのでしょうか？　赤外線は、私たちの目に見える光（可視光線）や紫外線、X線などと同様に電磁波の一種です。そして、電磁波は「電気的な偏りを持つ粒子」（たとえばH_2O分子）を振動させます。もともとCO_2分子は、基本的には電気的な偏りを持たない一直線に並んだ分子なのですが、ごくわずかにある電磁波を浴びると、電気的な偏りが一時的に生じるのです。このとき、分子中の2箇所の「CとOの結合部分」が、バネのよう

表 1-1　大気中に含まれる主要な温室効果ガス

温室効果ガス	2005年時大気中濃度
二酸化炭素（CO_2）	379±0.65ppm
メタン（CH_4）	1,774±1.8ppb
一酸化二窒素（N_2O）	319±0.12ppb
メチルクロロホルム（CH_3CCl_3）	19±0.47ppt
六フッ化硫黄（SF_6）	5.6±0.038ppt

［IPCC 第 4 次評価第 1 作業部下位報告書（2007）より］

＊11　**ハロカーボン類**　フロンガスに代表される、フッ素、塩素、臭素、ヨウ素などハロゲン属の元素を含む炭素化合物の総称。

に伸び縮みしたり、折れ曲がったりします。その結果、CO_2分子は波長が15ミクロン程度の熱赤外線を吸収して、振動や回転をします（図1-5）。さらに他の分子との衝突で、この振動・回転エネルギーが他の分子にも伝わり、大気が暖まるというわけです。

23ページの図1-3には、さまざまなガスがどの波長で光吸収するか示されていますが、構造が非対称コマ型[*12]の水蒸気は、さらにいろいろな波長で光を吸収することがわかります。このようにして、現在の地球大気では、水蒸気、オゾン、二酸化炭素によってその透過率が決まっています。光吸収の少ないところは「大気の窓」と呼ばれ、特に重要なのは、波長0・35ミクロンから1ミクロン付近までの「可視（域）の窓」、そして8ミクロンから15ミクロンの間の「赤外（域）の窓」です。前者は太陽光が効率よく地面を暖めるための窓、後者は地表面付近の熱を宇宙空間に熱赤外線の形で放熱する窓になっています。

図 1-5　大気組成分子による光の吸収

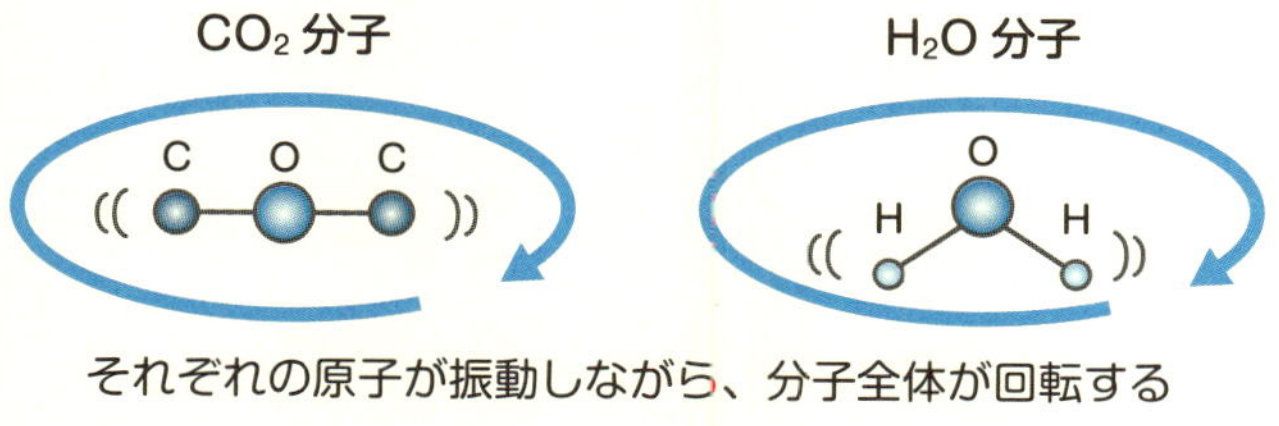

＊12　非対称コマ型
図1-5のH_2O分子のように、分子の位置が直線から外れた構造のもの。

温室効果は、温室効果ガスが地表面から出た熱赤外線を大気が吸収するために起こります。二酸化炭素、メタン、二酸化窒素、フロンガスなどはその分子構造により、この「大気の窓」領域に吸収帯を持っているために、熱が逃げるルートを効率よくふさいでしまうことになります。そのため、これらの気体は微量でも、きわめて大きな温室効果をもたらすのです。現代の地球温暖化問題は、人間の活動により発生した二酸化炭素、メタンなどが、「赤外の窓」で吸収を引き起こすために起こります。つまり、「赤外の窓」を人為起源の温室効果ガスが曇らせるために、地球放射が宇宙空間に逃げるルートをふさいでしまうのです。

これに比べて、N_2（窒素ガス）やO_2（酸素ガス）のような1種類の元素だけからなる2原子分子は、分子構造が簡単なために赤外線を浴びてもこのような振動による吸収が起きにくくなっています。大気の主成分である窒素や酸素はこのような吸収が弱いために、ある意味では地球は救われているといえます。もし、これらの主成分ガスが顕著な光吸収を示していたら、地球気候は現在のものとはまったく異なった形に発展していたでしょう。

次ページの図1-6に示したグラフは、地表面を出た赤外放射が大気組成ガスによってどれくらい吸収されるかを示したものです。これを見ると、水蒸気が最大の温室効果ガスで、全体の40%を占めています（曇天と晴天の平均）。その次が二酸化炭素で、約15%を占めます。また、雲がある場合は、雲による吸収が最大であることがわかります。

地球の大気は1平方メートルあたり約10トンあり、そのうち二酸化炭素はたったの6キログラムしかありません。それでも地表面から出た赤外線を20ワットほど吸収します。これは、全球で10ペタワットにもなります。前述のように、赤道域から極域に大気と海の運動によって運ばれるエネルギーは3ペタワットほどですから、いかに温室効果ガスによる保温効果によって大きなエネルギーを地球に閉じ込めているかがわかるでしょう。このように元をたどれば、気候形成はこれらの微小な分子が決定しているのです。

図 1-6　大気組成ガスによる地表面放射の吸収

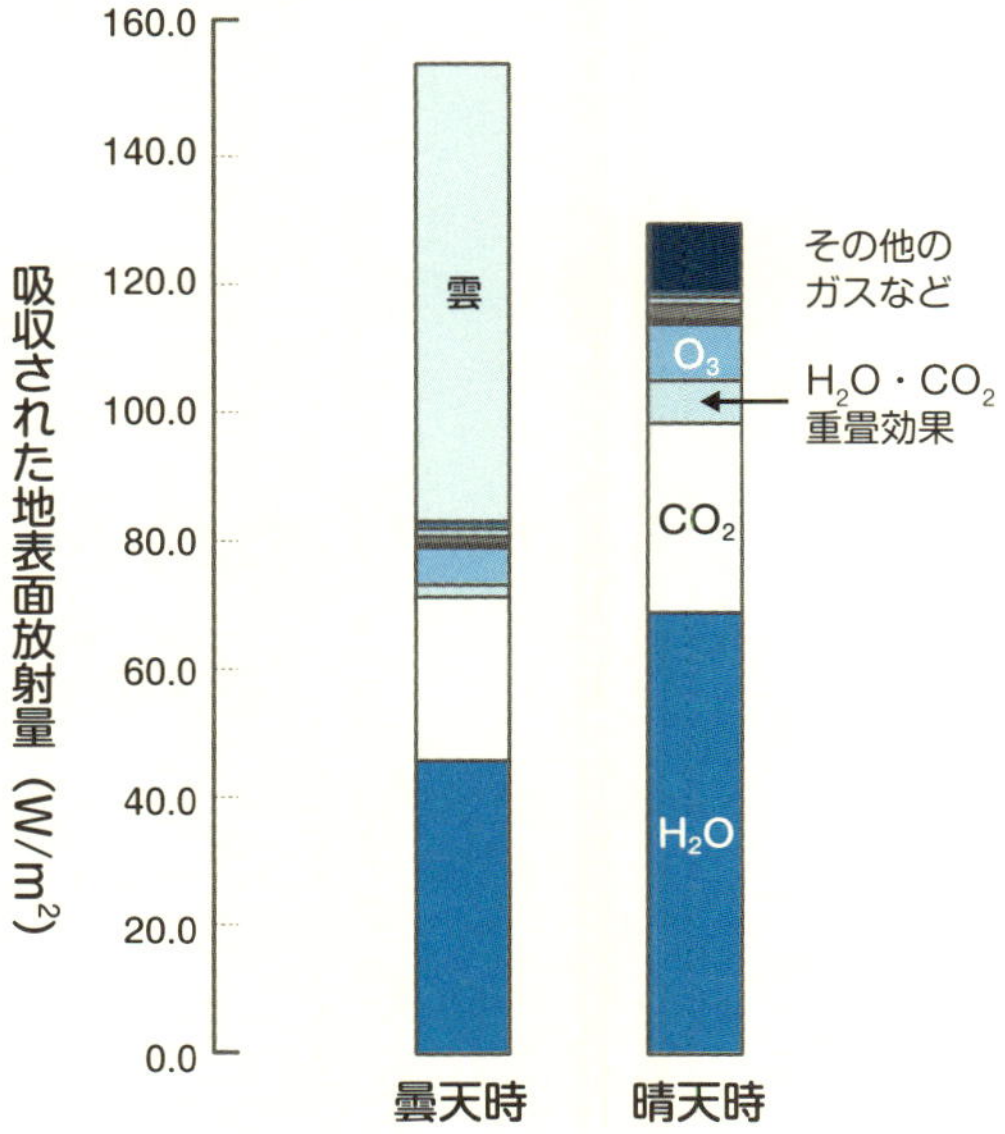

では、もし仮に「赤外の窓」が完全にふさがれてしまうと、どうなるのでしょうか？これは興味深い問題です。温度がどんどん上昇して何百℃にもなり、海の水は蒸発し、地球は金星のような灼熱地獄になってしまうかもしれません。このような状態（現象）は「暴走温室効果」と呼ばれています。「赤外の窓」が完全にふさがれたら、本当にそうなってしまうのでしょうか？ この問題は難しく、完全に解明されているわけではありませんが、現在の科学知識で「雲量が現在より大幅に減らない限り、気温は上昇するが、海が沸騰することはない」ということはわかっています。その根拠は、太陽から1億5千万キロメートル離れた位置にある地球の海を沸騰させるには、現在の太陽放射では十分でないからです。

この例でも明らかなように、地球は太陽放射エネルギーのすべてを吸収しているわけではなく、それが地球の気候にとって非常に重要なことなのです。太陽放射の何割かは、地表面や雲などによって反射され、宇宙に逃げていきます。このときの「惑星反射率」も、地球の表面温度に大きく影響する要因となります。大まかにいえばこの反射率は、雪や雲は40％から80％、黒土や海面ならば数％にすぎません。雪や雲の量は過去さまざまに変化してきましたが、現状では、太陽放射エネルギーの全球平均としては3割を反射し、残りの太陽放射エネルギーのほとんどが地表を暖めるのに使われています。

1-5 「温室効果」と「日傘効果」が気温を決める

これまで述べてきたように、反射された太陽放射以外は地球の大気や地表面に吸収されて、それらを暖める働きをします。大気は太陽放射をほぼそのまま通過させて、加熱された地球表面は有効黒体温度が約255度K（摂氏マイナス18度）に相当する1平方メートル当たり396ワットもの熱放射エネルギーを射出しますが、そのほとんどは途中の大気で吸収され、宇宙空間に直接逃げていくわけではありません（図1-7）。暖まった大気は、その場所の温度で決まる長波放射を上向きと下向きに再放出します。その結果、上層では冷たく、地表面付近では暖かい大気構造が形成されるのです。これを温室効果と呼びます。

このような温室効果のために、地球の表面は大気がないと仮定した場合に比べて余分に暖められていることになり、生物や動物の生育環境に適した温かい温度を保つことができます。この様子を、図1-7を模式化した図1-8（34ページ）を使って、簡単なパズルのように解いてみましょう。

まず、太陽放射が太陽からやってきます。この放射エネルギーを5単位（図1-7で

図 1-7　地球システムのエネルギー収支（全球平均を示す）

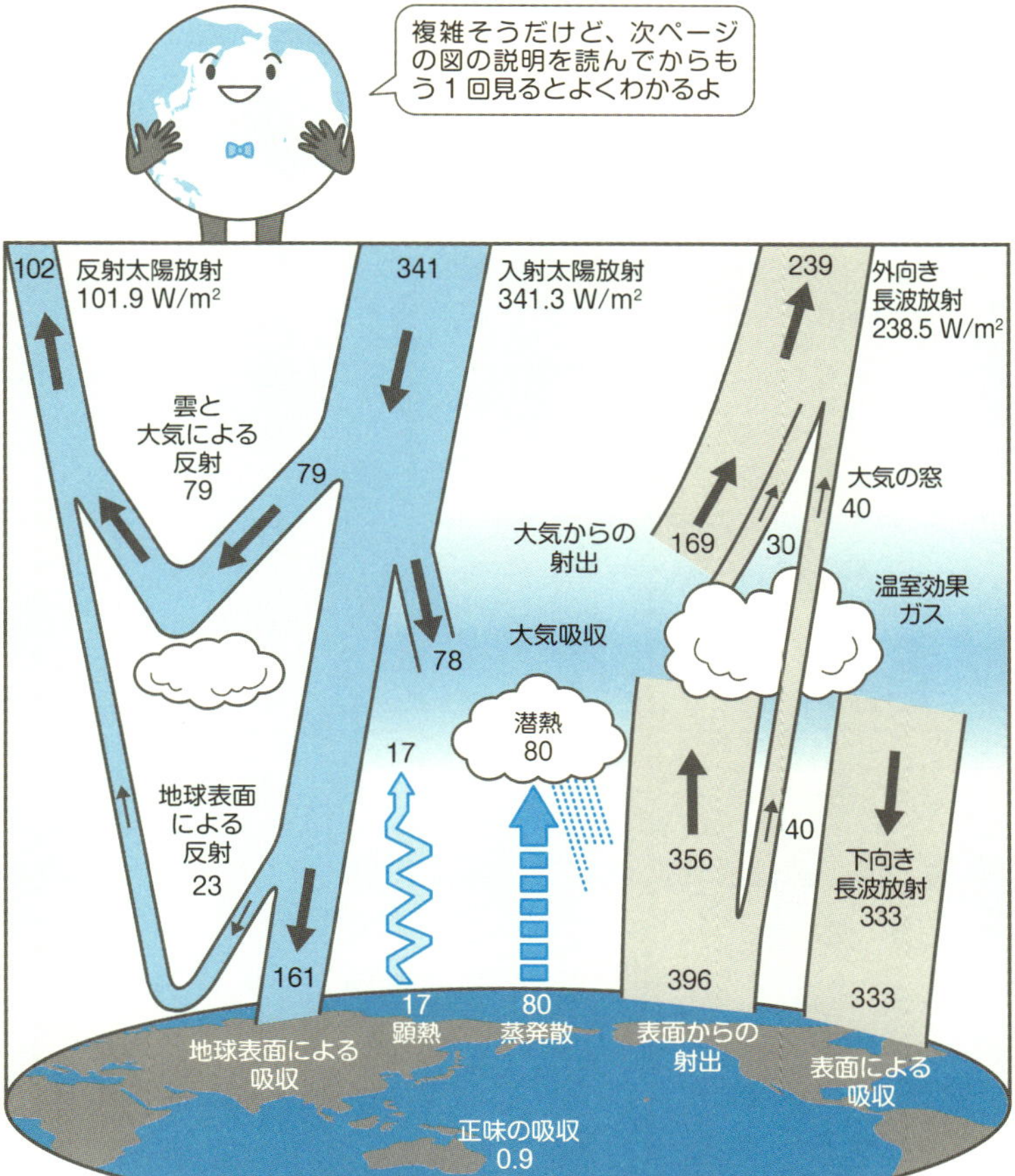

［Trenberth et al.（2009）より］

は341W/m²）と仮定しましょう（①）。雲や雪などによって、そのうち仮に2単位が宇宙空間に反射されるとすると（②）、残りの3単位が大気と地表面に吸収されて（③）、地球を暖めます。利用できるエネルギーのこのような減少を「大気の日傘効果」と呼びます。なお、大気を暖める量は前ページの図1-7でわかるように小さいので、ここでは全部が地表面に吸収されると考えます。

　太陽放射で地球が温暖められると、地表面の温度に対応した熱放射エネルギーが上向きに放射されます（④）。その一部（2単位と

図 1-8　日傘効果と温室効果

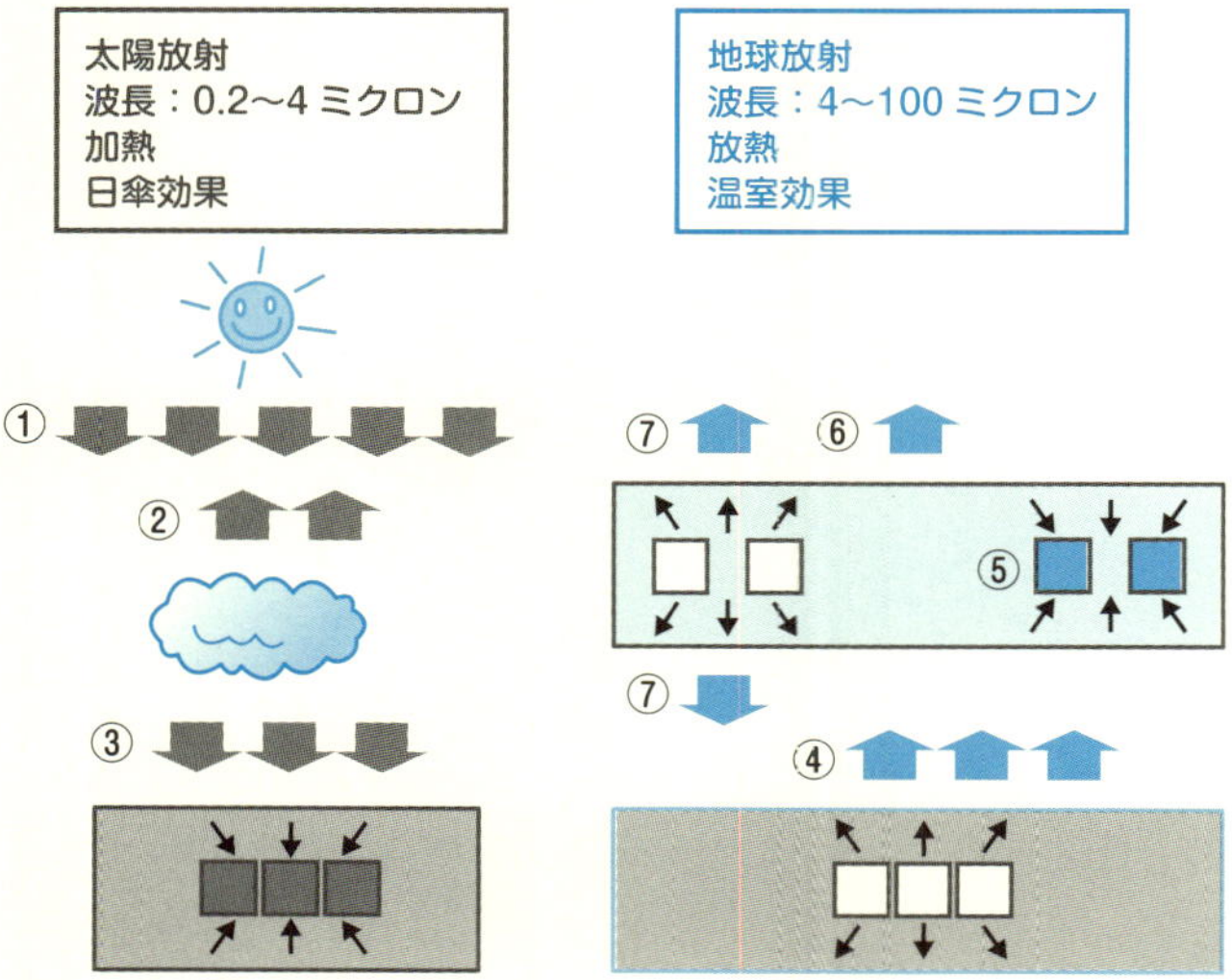

します）が大気に吸収され（⑤）、残り（1単位）が直接、宇宙空間に放出されます（⑥）。もし大気に運動がないとすると（実際、33ページの図1-7に示すように地球大気全体のことを考える場合、対流などによって上下方向に熱が運ばれる量はそれほど多くありません）、この吸収された分はエネルギー保存則によって再び上下方向に熱放射として再射出されます（⑦）。簡単に説明するために大気層を等温とすると、上下に放出される量は同じであり、図1-7からもわかるように、地表面からの射出量よりも少なくなります（1単位とします）。

さて、このような放射エネルギーの流れを全体でもう一度、眺めてみましょう。大気上端では、太陽放射が大気の日傘効果によって5単位のうち3単位だけ地球システムに入射します。一方、熱放射も3単位が宇宙空間に射出されて、エネルギー保存則を満たしています。地表面はこの3単位よりも多くのエネルギーを射出していますが、大気の「火照り」によって、やはり差し引き3単位でエネルギー保存則を満たしています。この火照りは宇宙空間にもエネルギーを放出して、大気全体としては2単位のエネルギーを失っていることになりますが、この分は地表面から放出されたエネルギーによって加熱されて、やはりバランスしています。このように、地表面と大気のシステムはお互いに暖め合っているのです。そのために、地球表面は大気よりも暖かい状態に保たれます。これが「温室効果」です。なお、34ページの図1-8はかなり模式化したものなので、具体的な数値などは33ページの図1-7を参照してください。

　このように、地球はその高い反射率のために、外から見るとマイナス18℃という低い有効黒体温度を持ちますが、下層に行くほど暖かい構造をしており、大気の底(地表面)では生命が暮らせる暖かい状態になっています。こうしたことを早い時期から提唱していたのが、フランスの数学者ジョゼフ・フーリエ（１７６８〜１８３０）です。フーリエは、「実際の地球が暖かいのは、宇宙へと逃げていくはずの地球放射を大気が吸収しているからだ」と考えました。ルートヴィッヒ・ボルツマン（１８４４〜１９０６）が、物質が射出する放射エネルギー量を決めるステファン・ボルツマン則を理論的に証明したのが１８４４年ですから、そのはるか前のことです。

　このような知識のもとにもう一度、図1-7を見てみましょう。前述したように、地球はその単位表面積あたり、３４１ワットの太陽放射エネルギーを受けています。その一部は雲で反射されますが、残りは吸収され、それが最終的には熱赤外線として地球から放射されるので、全体として地球の熱収支はほぼ平衡状態にあります。入射した太陽放射の一部は雲などで反射され（１０２ワット）、地球に吸収されるのは２３９ワットほどです。そのうちかなりの部分（１６１ワット）が地表面に吸収されることにより、地表面は加熱されます。このような暖かい地表面からは、熱赤外放射（396ワット）が射出されますが、同時に、大気から下向きに333ワットもの赤外線が射出されているために、地表面ではエネルギー平衡を保っています。これが温室効果であることは、すでに説明しました。その正体は、28ページの図1-5に示したように、水蒸気や二酸化炭素のような温室効果ガスによる熱赤外線の吸収です。

雲は、非常に大きな日傘効果と温室効果の両方を引き起こしているために、その気候への影響は複雑です。あとで説明するように、このような事情が気候モデリングの際の大問題になるのです。現在の人工衛星観測によると、雲は全体として約マイナス15ワットの変化をもたらし、雲が存在することで地球は少し涼しくなっています。

水のもうひとつの形態である氷（氷床）の存在も、太陽放射の反射率を高めます。地球が寒冷化すると氷（氷床）も増えるため、その結果、太陽放射の反射率が高まるので、さらに寒冷化が進みます。逆に温暖化によって氷が減ると、反射率が下がってさらに温暖化が進みます。つまり、雪氷は気温との間に非常に強い「正のフィードバック」（後述します）を持っており、気候の変動において大きな役割を果たしているのです。

1-6
地球は自らのフィードバック機能で環境を維持している

地球は、太陽から1億5千万キロメートル離れた軌道を周回する、半径6370キロメートルの惑星です。私たちを取り巻く自然、すなわち「気候システム」は、地球の気候を決める大気や海洋、大陸（陸面）、海氷・氷床など、地球の表層のサブシステムによって構成されています（図1-9）。「気候」とは、この気候システムに起こる、ある程度の時間に渡って続く特徴的な状態のことを指します。したがって、扱う問題が変われば、気候の定義も変わります。たとえば年々の季節変化は、私たちの生活にとっては気候ですが、氷河期の成因を議論する場合などは些細なノイズのレベルにすぎません。つまり気候システムとは、さまざまな時間スケールの気候変動が入れ子状態になった複合系なのです。

このようにさまざまな時間スケールの変動が起こるのは、気候システムを形成するサブシステムが変化するのに要する固有の時間スケールがあるためです。その時間スケールは、大まかにいえば、サブシステムを構成する物質の重量（質量）に比例します。たとえば、全地球表面をあまねく覆う大気層は厚さ10キロメートル（大気を均質とした場合の有効な厚さ）ほどで、10メートルの水の層と同じ重さ（1平方メートルあたり約10トン）を持ちます。その中には窒素、酸素といった主要な大気成分とともに、水蒸気や二酸化炭素、オゾンなどが含まれており、雲が発生したりします。大気は薄いベールですが、太陽や地球が放出する光や電磁波の放射エネルギーをコントロールして、地球気候の形成に大きな役割を果たしています。その特徴的な変化の時間スケールは、雲などが発達する数時間から季節変化の1年程度で、これらはもっ

図 1-9　気候システムの概念図

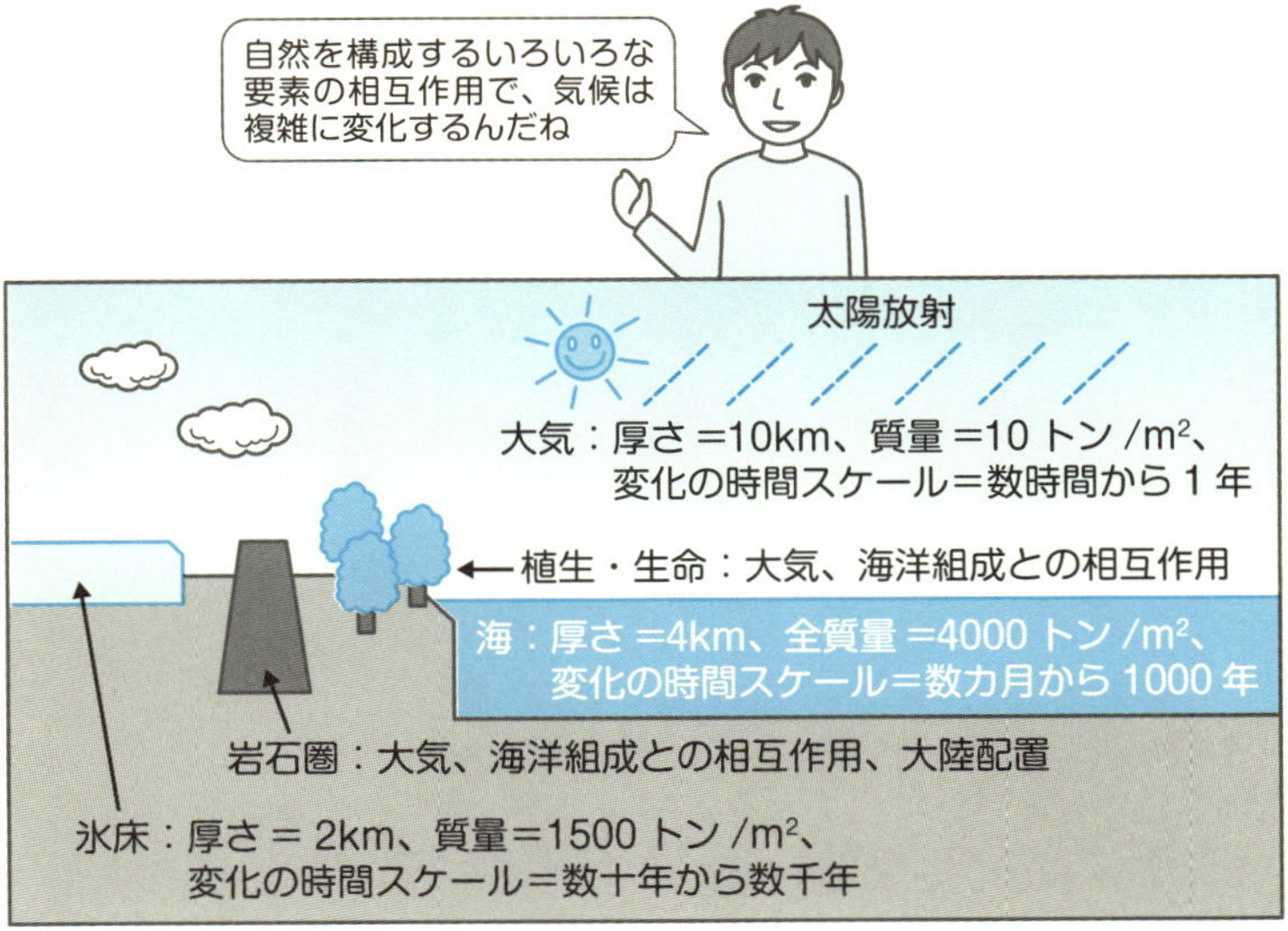

とも身近な気候変化といえるでしょう。

　海洋は全地球面積の約7割を占め、平均深度が4000メートルもの莫大な水をたたえています。さらに、空気と同じ重さの水を1℃暖めるのに空気の4倍もの熱エネルギーが使われることを考えると、海洋に変化を起こすのにはとても大きなエネルギーが必要になることがわかります。また、一度動き出すとなかなか止まらないという性質もあるために、特徴的な変化の時間スケールは、季節変化から1000年ほどの期間にまで及びます。つまり、大気の1000倍という大きな時間スケールになるのです。海洋の大きな質量のために、大気で起こる変化は、海に伝わってゆっくりとした変化になります。その結果、変化の早い大気と海洋が相互作用すると、エルニーニョやモンスーン循環などのさまざまな時間スケールの現象が発生します。

　グリーンランドや南極などの、極域氷床の変化の時間スケールはどうでしょうか?

　グリーンランド氷床の厚さは平均2キロメートル、南極は平均2・5キロメートルほどあります。これらは、面積の小さな海のようなものといえるでしょう。しかし、その変化の時間スケールは数十年から数千年もあり、海以上にゆっくりと変化します。これは、非常に大きな氷塊が一度形成されると、あとで述べるアイス・アルベド・フィードバックが氷塊を長い時間、安定化させる方向に働くためです。

＊13　**カオス現象**
非線形微分方程式で表された運動を、初期状態から時間積分する場合、初期状態に含まれるどんなに小さな誤差でもそれが拡大して、得られる最終状態が誤差ごとに変わってしまう現象。

これらの例で明らかなように、個々のサブシステムはそれぞれ特徴的な時間スケールで変動しますが、それらが相互作用すると複雑な変化になるのです。

ところで、このような「複雑な変化」を簡単に体験できるおもちゃがあるのをご存知でしょうか？ カオス現象[*13]を説明するために、モーメントの違う振り子を組み合わせたものです。組み合わせ振り子を揺らしてみると、はじめのうちは小さな振り子が周期的な振動をしていますが、それが大きな振り子を少しづつ動かし始めます。この小さな振動が十分に大きくなると、突然、大きいほうの振り子がくるっと一周回るといったように、それまでの周期運動とはまったく違う動きを始めます。時間スケールの異なるサブシステムを持つ気候系も、ある期間、周期的な運動をするかと思うと突然別の現象が現れたりします。これは一種のカオス現象であり、「気候のジャンプ」と呼ばれています。

　組み合わせ振り子からの類推で、外部から力が与えられた場合は、突然異なる動きをすることは容易に理解できるでしょう。このようなカオス現象は、地球システムよりもずっと少ない数個の非線形の運動方程式[*14]を使うと簡単に説明できるので、興味がある人はカオス現象の書籍を読んでみるとよいでしょう。ここでは、有名なローレンツ問題[*15]で見られる状態の軌跡の図（次ページ図1-10）を紹介するにとどめます。異な

＊14　非線形の運動方程式
流体の運動を表すナビエ・ストークス方程式は、求めるべき風速同士の積（かけ算）を含む非線形方程式であるため、風同士の相乗効果が働きやすく、その解は非常に複雑に変化する。多くの場合、解がカオス的な振る舞いを示す。

＊15　ローレンツ問題
カオス的振る舞いを示す非線形微分方程式系のひとつ。マサチューセッツ工科大学の気象学者、エドワード・N・ローレンツが1963年の論文の中で、対流現象を表す方程式系の解がカオス現象になることを示した。

る安定な状態の間で、実際の系の状態が移動して行く様子が見てとれます。

さて、気候の話に戻りましょう。「気候の変化」とは、ある気候状態が時間とともに別の状態に変化することをいいます。組み合わせ振り子の例でいえば、規則的な運動をしていた状態が次の異なる状態に移ることに対応します。振り子の例で説明したように、このような気候変化のメカニズムで重要なことは、あるサブシステム（ある振り子）が変化すると、それが別のサブシステム（別の振り子）に作用して、さらに反作用が起こり、サブシステム間のフィードバックが発生することです。その結果生じる変化は、思いもよらないものになることがあります。

図 1-10　ローレンツの蝶：1972 年に行った講演の副題
「ブラジルの蝶のはばたきはテキサスでトルネードを起こすだろうか？」

ローレンツの方程式は、大気の状態変化をモデル化したものなのね

ローレンツシステム

・アトラクターの存在

$$\frac{dx}{dt} = -p(x-y)$$

$$\frac{dy}{dt} = -xz + rx - y$$

$$\frac{dz}{dt} = xy - bz$$

$p = 10$、$r = 28$、$b = 8/3$

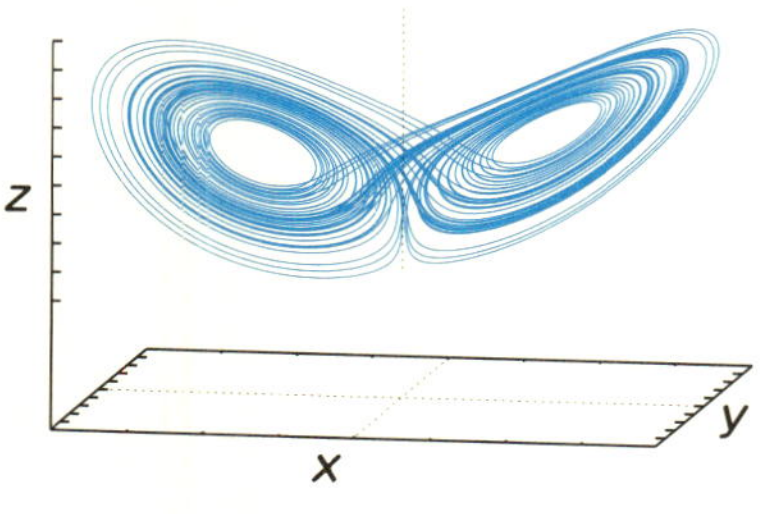
z
y
x

※アトラクターとは、ある力学系の時間発展をするときに、力学系の状態がその近傍に停まったり、それに向かって時間発展をするような状態の集合のこと。ここに示したローレンツアトラクターなどが有名。

このようなフィードバックの働きを垣間見るために、前述したグリーンランドなどの極域氷床の長い寿命について考えてみましょう。氷床の成長には、次ページ図1-11の(a)に示すような強い「正のフィードバック」(後述します)が働くことが知られています。

一度、氷が発達すると気温の低下が起こり、さらに氷が発達するようにフィードバックが起こるために、氷が安定して存在することができるのです。これは、道路に降った雪がいつまでも消えないこととよく似た現象で、ある程度大きな氷塊が形成されると、それが維持される傾向があります。逆に、何らかの理由で氷塊が減少すると、反対の方向にフィードバックがかかって、氷床が千年くらいの時間スケールで溶けてしまうことも考えられます。

フィードバックのもうひとつの例として、温暖化によって雲が増える場合を考えてみましょう。この場合には、図1-11の(b)と(c)のような2つのフィードバックが考えられます。

1つめのフィードバックは、温暖化によって薄い上層雲が発生すると仮定した場合です。新たにできた雲が地表面を暖める温室効果を作り出すので、温暖化がさらに進みます。つまり、雲は温暖化を「増幅」する働きをします。これを、温暖化と薄い上層雲の間に「正のフィードバック」が発生するといいます。

2つ目のフィードバックは、温暖化で低い雲が発生すると仮定した場合です。この場合は、雲によって太陽放射を反射する日傘効果が発生するために、地球は冷やされます。すなわち、雲は温暖化を「抑制」する働きをします。これを、温暖化と低層雲の間に「負のフィードバック」が発生するといいます。

実際には「?」をつけた現象が起こるかどうかはまだはっきりとはわかっていませ

図 1-11　気候変化のメカニズムにおけるさまざまなフィードバック

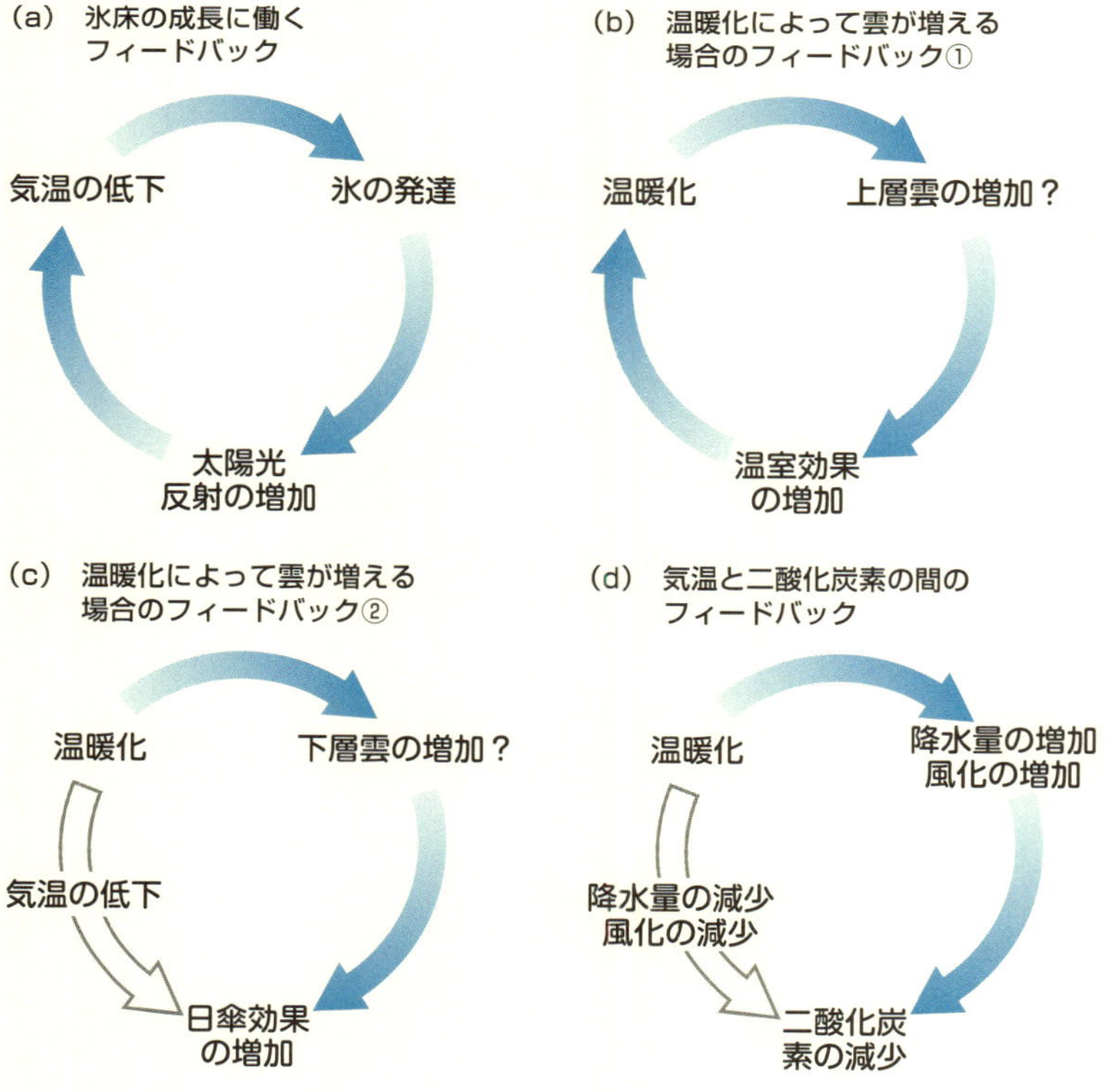

ん。世界中の気候モデルを見ても、温暖化によってどの高さに雲ができるかは、まちまちだからです。そのために、同じ二酸化炭素の増加について考えるにしても、気温が何度上昇するかがモデルによって大きく異なります。これが、現在の地球温暖化モデリングにおける最大の不確実要因のひとつになっています。

以上のような氷と雲に関するフィードバックは、気候の形成と変化に重要な影響を与えてきました。気候システムには、このほかにもさまざまな正と負のフィードバックがあるために、地球の46億年の歴史のなかで気候は比較的安定していたといえるでしょう。

長い時間スケールで作用するフィードバックの例として、気温と二酸化炭素（CO_2）の間のフィードバックを考えてみましょう。地表の温度が下がれば海からの蒸発が抑えられ、降雨量が減ります。すると、大陸の岩石の浸食などに使われるCO_2の量も減少します。つまり、大気中からCO_2の消費量が減ることになります。しかし、火山活動は継続的に生じているので、火山ガスとしてCO_2は一定の速度で供給されています。したがって、大気中には二酸化炭素濃度が増加することになり、やがて温室効果の増加によって地表の温度が上がり始めます。

それとは逆に、地表温度が上昇すれば、蒸発が盛んになり、降雨量が増し、風化も盛んになるので、CO_2の除去が促進されて、温室効果が減少し、温度が下がり始めます。

つまり、風化が介在するこのプロセスでは、温度とCO_2は負のフィードバックを作って、お互いを安定化しようとします（44ページの図1-11の（d））。

実際には、このようなプロセスは生命活動によるフィードバックが加わって、さらに変化します。この例では、大気・海・地殻圏・生物圏（バイオスフェア）全体が関係するCO_2の循環系のなかの「地球独自のフィードバック機能」です。

母なる地球は、あたかも生き物のように呼吸し、刺激に反応し、自らを律して健康な状態を維持しているように見えることから、イギリスの科学者ジェームズ・ラブロックは、これをガイア[*16]と呼びました。これは擬人化しすぎかもしれませんが、このようなさまざまな気候サブシステムが相互作用し、グランド・フィードバック（大相互作用）機構を形成していることは事実で、その深い理解が地球温暖化現象を理解するうえでも、とても重要です。そしてその際には、それぞれのフィードバック固有の時間スケールを理解することが大事なのです。

以降の章では、このようなグランド・フィードバックによって地球大気がどのように形成されてきたかを説明していきます。まずは、地球気候の成り立ちから見ていきましょう。

＊16　**ガイア**
地球を巨大な生命体と見なす仮説をラブロックが提唱し、のちに作家のウィリアム・ゴールディングの提案により、ギリシア神話の女神の名前にちなんで「ガイア理論」と名づけられた。

第2章

全地球史のなかの気候の変遷
——数十億年スケールの俯瞰

2-1 太陽の誕生

第1章では、基本的には現在の地球大気を例に、気候の形成要因について考えました。しかし、太陽放射エネルギーは太陽の誕生以来、地球大気の組成も地球誕生以来、大きく変化してきました。したがって、どの効果が気候の形成要因として優勢であるかは、46億年の地球史のそれぞれの時点で異なります。ここでは、地球気候の成り立ちから、全地球史のなかの気候の変遷を数十億年スケールで俯瞰します。

今からおよそ46億年前、銀河系の中のひとつの星が最期を迎え、壮絶な爆発を起こしました。超新星（超新星爆発）といわれる現象です。銀河系の辺境領域で起きたこの爆発は激しい衝撃波を生み、分子雲*1に伝わって密度のゆらぎ*2を生じさせました。そして、分子雲の中でも特に密度の濃い領域である「分子雲コア」が、自らの重力を支えきれなくなって、次第に収縮し始めました。

分子雲コアは、はじめはゆっくりと収縮していましたが、密度が増すにつれ加速度的に収縮を早め、中心部に質量が集中するようになりました。中心部は密度の増加とともに次第に高温となり、輝きを増していき、原始太陽が誕生します。

＊1　**分子雲**
宇宙空間に漂う水素とヘリウムの密度が高い領域のこと。分子雲の特に密度の高い領域（分子雲コア）において、星の形成が生じる。

＊2　**密度のゆらぎ**
超新星爆発による衝撃波の通過に伴って分子雲ガスが圧縮されるなどして、密度のコントラストが生じること。

そして、原始太陽の周囲には「原始太陽系円盤」と呼ばれるガスと塵からなる円盤が形成されました。地球を含む太陽系の惑星や小天体は、すべてこの原始太陽系円盤から生まれています。私たちの太陽系は、過去の超新星の残骸である星間物質[*3]からつくられたのです。このことは、星の内部や超新星爆発でつくられる鉄や金、ウランといった重元素が太陽系にたくさん存在していることからも明らかです。

原始太陽はガスの収縮によって発生した熱で輝いていましたが、やがて中心部で熱核融合反応が生じるようになりました。主系列星[*4]の段階に到達したのです。つまり、太陽という星の誕生の瞬間です。

太陽の中心核では、核融合反応により水素原子4個がヘリウム原子1個に変換され、その際に莫大なエネルギーが生み出されます。いい換えれば、太陽は「水素を燃やして輝いている」ということです。水素は燃えてヘリウムになるため、時間の経過とともに、太陽の中心核における水素とヘリウムの割合は変化し、ヘリウムに富むようになっていきました。

ヘリウムの割合が増すと太陽の中心部の密度が高くなり、圧力が増加し、温度が高くなっていきます。この結果、時間が経つにつれ核融合反応の効率が上がり、太陽の明るさは増すことになります。標準太陽モデル[*5]によれば、太陽は誕生時よりも40～

＊3　**星間物質**
宇宙空間に存在する希薄な物質。大部分は水素とヘリウムなどのガスからなり、残りは鉱物や氷などの固体微粒子（ダスト）からなる。その密度が特に高い領域が分子雲と呼ばれる。

＊4　**主系列星**
天体の中心部で核融合反応が生じて自ら輝いている太陽のような星のこと。

＊5　**標準太陽モデル**
物理法則に基づいて、太陽の内部構造・組成・進化を記述した数理モデルのこと。

50%程度明るさを増してきました（図2-1）。そして、およそ100億年ほどの時間、主系列星として存在し続けると考えられています。

太陽の中心核で生じている核融合反応に伴って、ニュートリノ[*6]が生成されます。ニュートリノは物質との相互作用が非常に弱いため、太陽内部を素通りして宇宙空間に放出されます。つまり、太陽ニュートリノは、現在太陽の中心部で生じている核融合反応を直接反映しているということです。これは、太陽表面で放射されている熱エネル

図 2-1　太陽放射の変遷

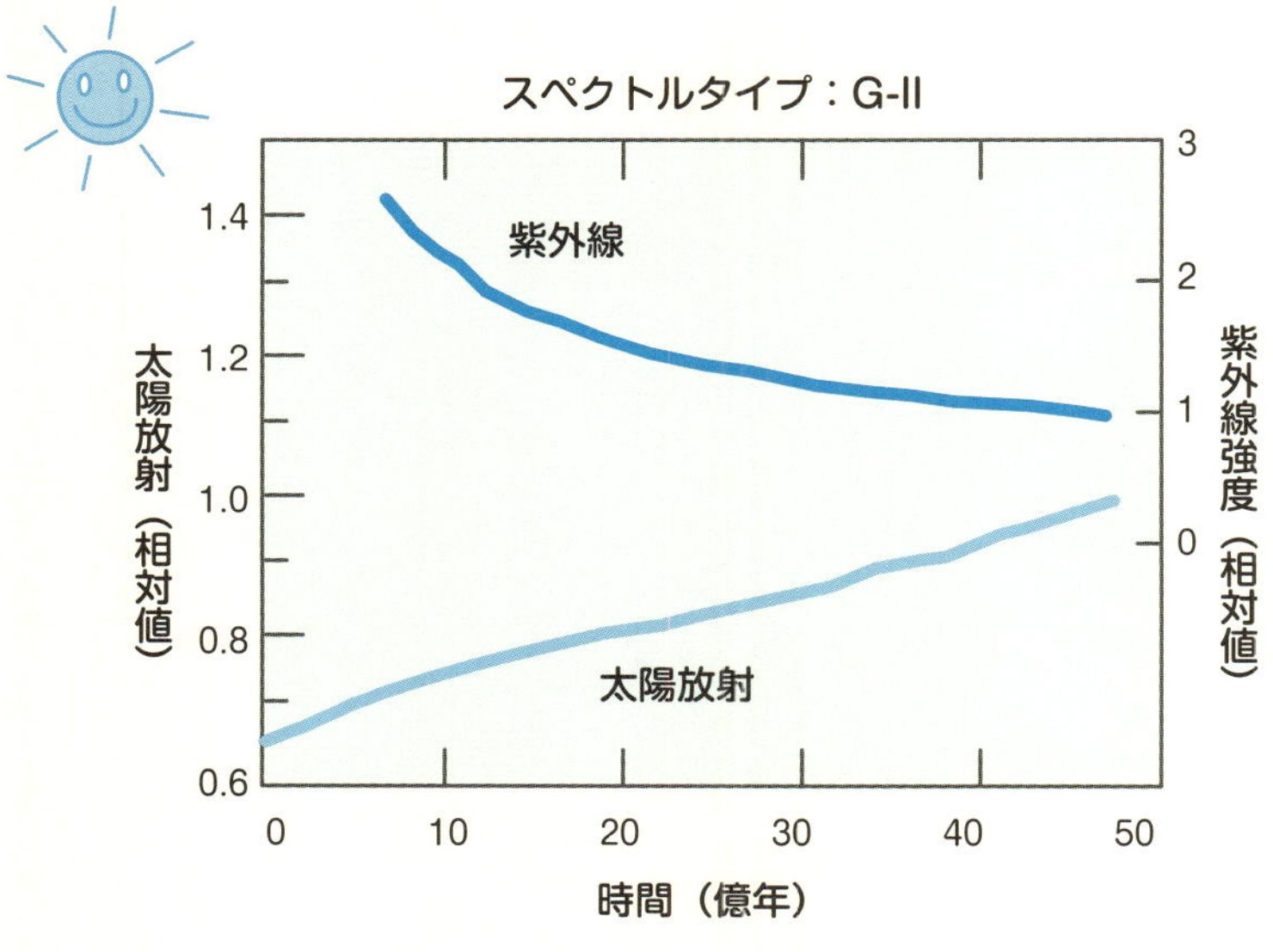

＊6　ニュートリノ
素粒子のひとつで、質量がきわめて小さく電荷を持たない粒子のこと。

ギーが、中心核で発生してから数十万年かけて、ようやく太陽表面にたどり着くのと大きく異なります。

ところが、観測によって検出される太陽ニュートリノの数は、理論的な予測の半分程度しかありませんでした（太陽ニュートリノ問題）。これは大きな謎であり、標準太陽モデルにも影響を与える難題です。太陽の進化はこれまで考えられていたような安定したものではなく、非常に不安定なものである可能性も出てきたのです。

しかし、最近、日本の岐阜県に建設されたスーパーカミオカンデ*7などによるニュートリノの精密観測によって、ニュートリノは質量を持っているため、ニュートリノのフレイバー（素粒子の内部量子数）が変化する「ニュートリノ振動」が生じていることが明らかになりました。太陽ニュートリノ問題は、このニュートリノ振動によって説明できると考えられます。これが正しければ、標準太陽モデルから得られた進化のシナリオも、基本的には妥当であると考えてよいでしょう。

ちなみに、こうしたニュートリノ天文学のパイオニア的貢献が高く評価され、2002年に小柴昌俊東京大学特別栄誉教授がノーベル物理学賞を受賞したのは記憶に新しいところです。

＊7　**スーパーカミオカンデ**
岐阜県の神岡鉱山内に建設された世界最大の宇宙素粒子観測装置。太陽ニュートリノの観測を主な目的としている。

2-2

二酸化炭素はかつて大気の主成分だった

気候変動を引き起こす重要な要因のひとつは、大気組成の変化です。現在の地球においては、水蒸気と二酸化炭素が下層大気を暖める温室効果の主要な役割を果たしています。大気中に含まれる二酸化炭素の量は380ppmV（1立方メートルの空気中に380立方センチメートル）であり、気圧に換算するとわずか1万分の3気圧（0・3ヘクトパスカル）という微量成分です。

ところが、地球が形成された約46億年前の原始大気中には、数十気圧もの二酸化炭素が含まれていたと考えられています。すなわち、初期の地球大気は、現在の金星や火星のように二酸化炭素が主成分だった可能性が高いのです。

地球形成末期には、火星サイズ（地球質量の10分の1程度）の原始惑星が地球に衝突し、それによって月が形成されたものと考えられています。この巨大衝突によって、原始地球の一部は蒸発・溶融し、原始地球は気化した岩石である岩石蒸気に包まれ、地表はどろどろに熔けたマグマオーシャン（マグマの海）となります。しかし、岩石蒸気は急速に冷却されて凝結し、水蒸気と二酸化炭素を主体とする大気が残されました。

水蒸気の強力な温室効果のために、原始地球内部から放出される熱が吸収され、マグマオーシャンは数百万年にわたって維持されました。やがて、水蒸気大気は原始地球内部の冷却が進むと不安定となって凝結し、大雨が数百年間降り続き、原始海洋が形成されたと考えられています。

このとき同時に、地表は雨によって急冷され、原始地殻が形成されました。原始大気中には塩化水素や硫化水素なども大量に含まれていたと考えられます。これらが溶け込んだ雨水は塩酸と硫酸が混ざったもので、pHが1以下という強酸性を示し、かつ100～300℃の高温であるため、原始地殻と激しく反応します。この結果、原始地殻からカルシウムやマグネシウムなどの陽イオンが溶け出ることによって、原始海水は急速に中和されました。

水蒸気が凝結した後、原始大気中には大量の二酸化炭素が残されました。二酸化炭素は酸性の水には溶け込めないので、最初は原始大気中に存在していましたが、このときの二酸化炭素量は数十気圧程度もあったと考えられています。

海水が中和されていくと二酸化炭素は溶け込めるようになり、カルシウムやマグネシウムなどの陽イオンと反応して炭酸塩鉱物*8として海底に沈殿していきました。しばらくすると、最初は数十気圧もあった二酸化炭素は、数気圧程度にまで減少したと考

＊8　炭酸塩鉱物
炭酸カルシウム（$CaCO_3$）など、炭素酸（CO_3^{2-}）を含む化合物の総称。海水から沈殿するなどして生成される。石灰岩は炭酸カルシウムを50％以上含む堆積岩のこと。

えられます。しかし、激しい火山活動による二酸炭素の供給も生じているため、大気中の二酸化炭素はそれ以下には低下しませんでした。これが、地球誕生直後の状況です。ただし、このシナリオにはさまざまな不確実性があります。たとえば、マグマオーシャン中に地球の中心核（コア）を作る材料となる金属鉄が含まれていたとします。ここで、マグマオーシャンを覆う原始大気の成分として、二酸化炭素や水蒸気など酸素を含む気体が存在すると、金属鉄との酸化還元反応が生じ、金属鉄は酸化鉄となり、二酸化炭素や水蒸気は酸素を奪われ一酸化炭素や水素になります。この結果、原始大気は一酸化炭素や水素が主成分だった可能性もあります。

しかし、一酸化炭素は二酸化炭素に変化します。大気中の水蒸気が太陽からの紫外線を受けると、OHラジカルと呼ばれる反応性に富んだ不対電子*9を持つ分子が生成されます。これが一酸化炭素を酸化して、二酸化炭素に変えるのです。また、水素は軽いので宇宙空間へ散逸します。そのため、ある一定の時間が経てば、結局は二酸化炭素を主成分とする大気になるものと考えられています。

＊9　不対電子
分子や原子の最外殻軌道に存在する、対になっていない（1個しかない）電子のこと。不対電子を持つ分子や原子（ラジカル）は非常に不安定であるため、化学反応性に富む。

2-3 二酸化炭素はどこへいったのか

前節で述べたように、二酸化炭素はかつて大気の主成分でした。では、その大量の二酸化炭素はどこに消えたのでしょうか？　実は、二酸化炭素濃度の大幅な低下には、大陸地殻の形成が必要不可欠であったと考えられています。

大陸地殻は花崗岩と呼ばれる岩石からできています。花崗岩は地球以外では発見されていない宇宙的に見ると特殊な岩石なのですが、地球誕生直後にはすでに形成されていたとする証拠が見つかっています。しかしながら、大陸が現在のように地球表面を広く覆うようになったのは、地球史の半ば（約30～25億年前）以降であったと考えられています。それまで地球表面のほとんどは海洋で覆われ、小さな陸地があちこちに点在するような状況だったらしいのです。それでは、大陸地殻が形成されると、どうして二酸化炭素濃度が低下するのでしょうか？

一般に、大陸表面は海底よりも温度が高いことから、化学反応が進みやすくなっています。雨や地下水には二酸化炭素が溶解しているため、弱酸性になっており、岩石と接触することによって岩石を構成している鉱物を溶解します。これは「化学風化」と呼ばれるプロセスです。化学風化によって、カルシウムイオンなどのさまざまな陽イオンが鉱物から溶け出し、河川を通じて海に流入します。海に溶けているミネラルの大部分は、大陸から化学風化によって供給されたものだと考えてよいでしょう。

そして、大陸表面よりも化学反応が進みにくいとはいえ、海の中でもさまざまな化学反応が生じています。とりわけ、溶け込んでいる二酸化炭素とカルシウムイオンなどが互いに反応して、炭酸カルシウムのような炭酸塩鉱物となります。このようなプロセスによって、二酸化炭素が消費されることになるのです。

完全な無生物環境でも、海水が炭酸カルシウムに対して飽和すれば、炭酸カルシウムの沈殿が生じます（実際には、かなり過飽和になる必要があります）。しかし、現在の地球では、この反応には生物が深く関与しています。たとえば、サンゴ礁は主として炭酸カルシウムでできています。ほかにも、円石藻[*10]や有孔虫[*11]などのプランクトンが炭酸カルシウムからなる殻をつくります。

このように、「大陸の化学風化」と「海洋における炭酸塩鉱物の沈殿」によって、大気中の二酸化炭素が消費されてきました。これが、地球史を通じて二酸化炭素を除去してきた主要なメカニズムであると考えられています。これと並んで、生物の光合成によって二酸化炭素が有機物として固定され、それが堆積物になる過程（有機物の埋

＊10、11　円石藻、有孔虫
円石藻は、世界中の海洋に広く分布している単細胞真核藻類で、円盤型の炭酸カルシウムの殻を持つ。有孔虫は、アメーバ様生物で、炭酸カルシウムを主成分とする石灰質の殻を持つ。海洋表層に生息する浮遊性のものと海底に生息する底生のものがある。

没過程）も、もうひとつの重要な二酸化炭素の除去メカニズムです。

現在の地球表層には、堆積岩中に炭酸塩鉱物や有機物の形で二酸化炭素60～80気圧分に相当する炭素が含まれていることがわかっています。これらはすべて、もともとは大気中や海水中にあった二酸化炭素が、地球史を通じて固定されたものなのです。

2-4 太陽光度の増大と炭素循環

大気中の二酸化炭素濃度が地球史を通じて低下してきたのは、太陽の進化とも密接に関係しています。

太陽の中心部における核融合反応は時間とともに効率的に生じるようになり、その結果、太陽光度が時間とともに増加することは、すでに説明しました。太陽放射のエネルギーは地球の気候を決定づけるものですから、これが時代とともに増加すれば、地表温度も時代とともに上昇することになります。しかし、実際にはそうなりませんでした。その理由は、前節で述べた化学風化反応が、温度に対する依存性を持っていることによるものだと考えられています。

風化反応は、二酸化炭素が雨や地下水に溶解して炭酸となり、それが地表の岩石を構成する鉱物を溶解する反応です。一般に、化学反応は温度が高くなると速く進みます。そのため、温暖化が生じると地球全体で陸上の化学風化が進み、二酸化炭素の消費が増えることになります。これによって温暖化にブレーキがかかるのです。

この結果、太陽光度の時間的増加に対応して、大気中の二酸化炭素のレベルは時代とともに低下してきました。こうして初期大気の主成分であった二酸化炭素は地球史を通じて減少し、産業革命前の時点でわずか280ppmの濃度にまで低下したのです。ちなみに、このメカニズムは逆もまた同様です。何らかの原因によって寒冷化が生じると化学風化が進みにくくなるため、大気中には火山活動によって供給された二酸化炭素が蓄積され、結果的に大気中の二酸化炭素濃度が高くなります。すなわち、寒冷化にブレーキがかかることになります。

火山活動による二酸化炭素の供給、大陸の化学風化、海洋における炭酸塩鉱物の沈殿などからなる二酸化炭素の挙動は、「炭素循環」と呼ばれています（次ページの図2-2）。炭素循環のシステムにおいては、温暖化にも寒冷化にもブレーキがかかるようなメカニズムが存在するということになります。これは、システムを安定化するメカニズムであり、第1章で説明した「負のフィードバック」が形成されるということです。特にこのフィードバックは、発見者のミシガン大学のジェームズ・ウォーカー博士の名前をとって、「ウォーカーフィードバック」とも呼ばれています。実はこれによって、長期的に見れば地球の気候は暴走せずに安定に保たれてきたと考えられています。

重要な点は、このメカニズムが有効に働くのは、あくまでも数十万年以上の長期的な時間スケールであることです。その理由は、このメカニズムによって大気や海水中の二酸化炭素の総量が変化するのにそれだけの時間がかかるからです。したがって、このメカニズムは、現代の地球温暖化のような数年〜数十年程度の短期的な時間スケールでは有効に働かないということを覚えておきましょう。

図 2-2　長期的な炭素循環

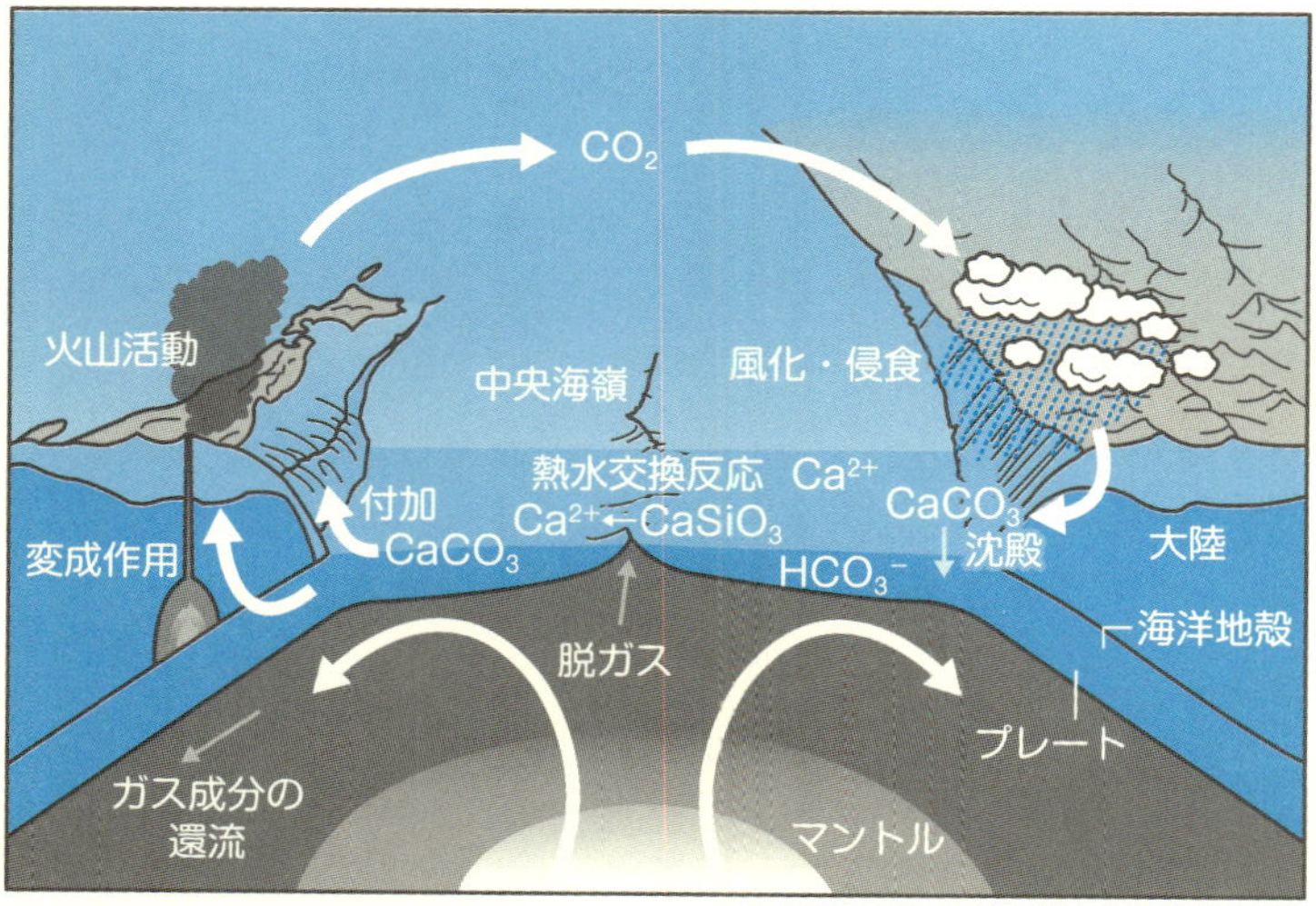

2-5 酸素濃度の増加とオゾン層の形成

初期の地球大気中には、酸素はごく微量（現在の十兆分の一程度）にしか含まれていませんでした。酸素分子は酸化力に富むため、還元的な（酸化しやすい）地表の鉱物や火山ガス中の気体を酸化することによって消費されてしまうからです。地球の表層環境においては、化学的に不安定だったといってもよいでしょう。

ところが、今から約22億年前頃に光合成生物（シアノバクテリア）が酸素を大量に放出した結果、大気中の酸素濃度が急激に増加したらしいのです。酸素濃度は、その後約6億年前にも急上昇して、現在では大気の21％を占めるようになりました。これは、地球史を通じた二酸化炭素濃度の低下に加えて、地球の大気組成が大きく変化してきたもうひとつの重要な例です。現在の地球大気は、このようなさまざまなプロセスを経てつくられた歴史的産物なのです（次ページの図2-3）。

ところで、酸素分子は大気の上空において太陽からの紫外線を吸収して光解離[*12]することで、酸素原子になります。酸素原子と酸素分子が結びつくことにより、酸素原子3つからなるオゾンが生成されます。オゾンは地上20〜25キロメートル付近をピーク

＊12　**光解離**
大気分子が主として紫外線を吸収して、より小さい分子やラジカルなどに分離する過程のこと。

に10～50キロメートル上空の成層圏に多く分布し、「オゾン層」を形成するようになりました。大気中の酸素濃度が増加すると、オゾンの濃度も増加します。現在のオゾン層におけるオゾン濃度は2～8ｐｐｍ（地上付近では0・03ｐｐｍ）という微量なものですが、太陽紫外線を効果的に吸収しています。

このため、成層圏では高度とともに温度が上昇していきます（図2-4）。対流圏や中間圏では、温度が高度とともに低くなることと対照的です。オゾン濃度のピークは高度20～25キロメートル付近ですが、上空ほど紫外線が強く、また大気の密度が薄いために、成層圏では高度50キロメートル付近に温度のピークができ

図 2-3　大気組成の変遷

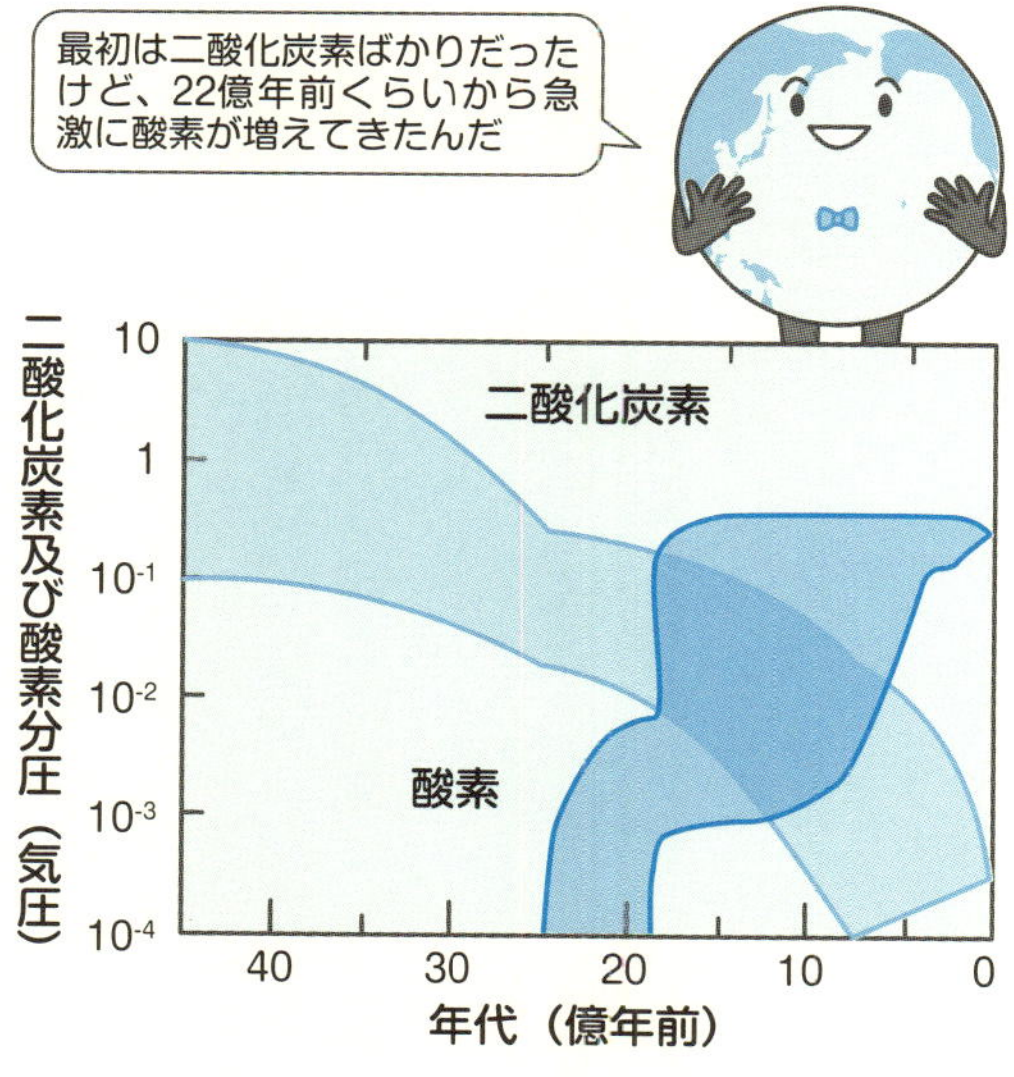

※大気中の二酸化炭素および酸素の分圧の変化を推定した結果。推定には大きな不確実性があるため，推定の上限と下限の範囲をハッチで示している。

ています。生物の活動は地球大気の組成だけでなく、なんと大気の温度構造にまで影響を及ぼしているということになります。

ちなみに、紫外線が生物にとって有害であることはよく知られています。オゾン層の形成によって生物は陸上に進出することができた、とする仮説もあります。ただし、現在の１００分の１程度の酸素レベルでも、生物にとって有害な紫外線をほとんど吸収するようなオゾン層が形成されると推定されます。その程度の酸素レベルは約22億年前には達成されていた可能性が高いのですが、一方で植物の陸上進出はほんの４～５億年前のことです。したがって、オゾン層の形成と生物

図 2-4　大気の構造

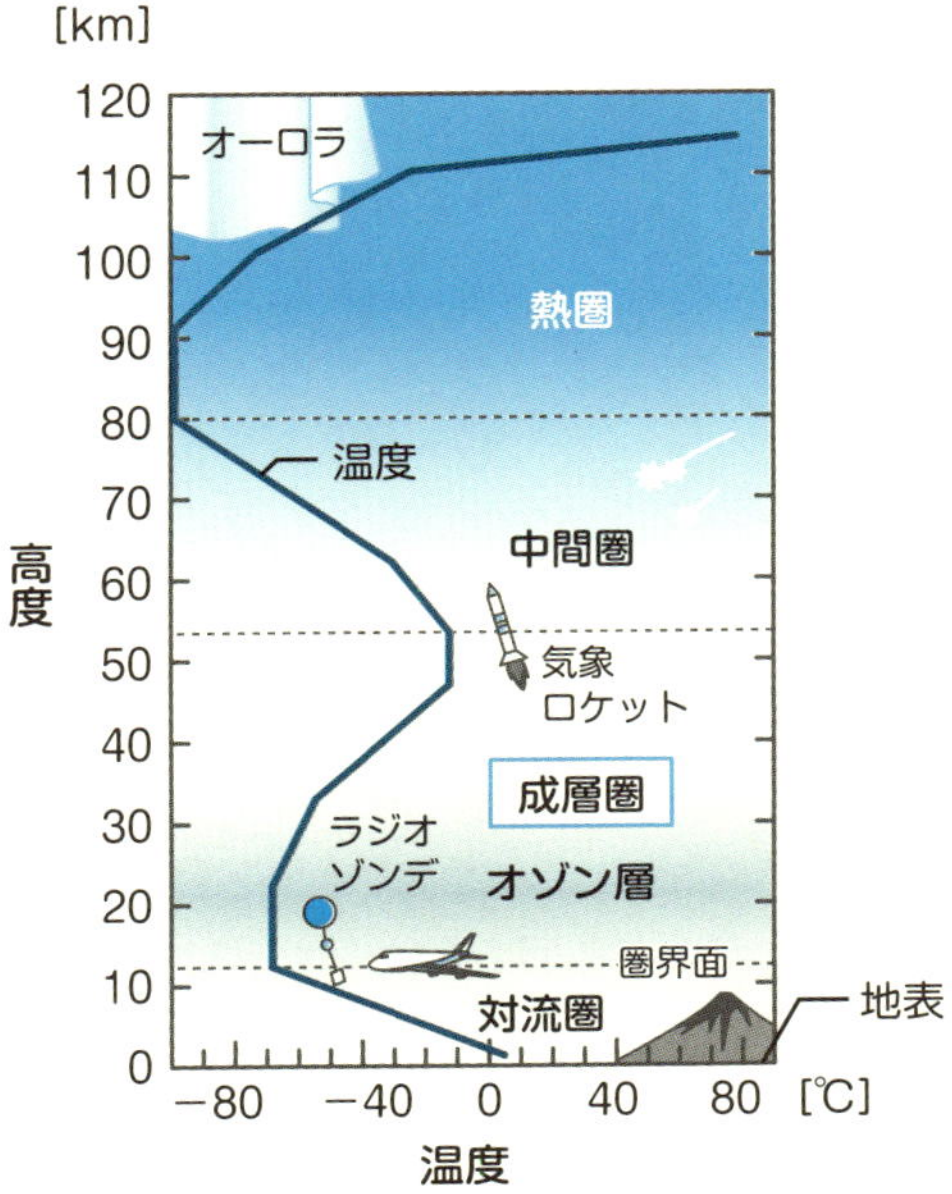

の陸上進出との因果関係は、現在では疑問視されています。

ところで、フロンなどの人間活動によって大気中に放出された塩素を含む化学物質がオゾン層を破壊していることが大きな問題になっています。オゾン層の破壊による紫外線の増加が、皮膚がんの増加につながるとされるからです。これも、オゾン層と生物との密接な関係を示す身近な例といえるでしょう。南極や北極上空では、特に春になると「オゾンホール」と呼ばれるほど、オゾン濃度が減少するようになりました。この問題に対する国際社会の対応は素早く、1987年にはモントリオール議定書が締結され、オゾン層破壊の原因となる物質の削減・廃止の道筋が定められました。しかし、オゾン層破壊の影響は現在でも続いており、気候にもさまざまな影響が及ぶことが議論されています。

2-6 海は安定に存在してきた

地球の気候は、地球史を通じて基本的には現在のように温暖湿潤な環境に保たれてきたと考えられています。それは、海洋が存在し続けてきた地質学的証拠があること、生命が誕生以来ずっと存在し続けて進化してきたこと、などが根拠となっています。しかしながら、それらは気候が変動しなかったことを意味するわけではありません。

たとえば、海洋は気温が１００℃を超えてもなくなることはありません。水が１００℃で蒸発してすべて水蒸気になるのは、１気圧での場合です。圧力が高くなれば、水は存在し続けることができます。水は臨界条件[＊13]までは液体の状態を保つことができます。すなわち、海洋は０～３７４℃という温度範囲にわたって存在できるということです。また、海洋を構成している水の量は、すべて蒸発すると２７０気圧分もあり、水の臨界圧力よりも高くなります。

しかし、前述のように、地球形成時には水はすべて蒸発して、水蒸気の大気を形成していたと考えられています。このように地表面の水がすべて蒸発している状態は「暴走温室状態」と呼ばれます。暴走温室状態の実現には、地表面に単位面積あたり約

＊13　臨界条件
臨界点。それよりも高温・高圧条件になると液体でも気体でもない超臨界水になる条件のことで、水の場合、温度にして約374℃、圧力にして約221気圧。

300ワット以上という大きなエネルギーが供給されていることが必要条件であることがわかっています。

第1章で述べたとおり、現在の地球軌道における太陽からの放射エネルギーは単位面積あたり約341ワットで、300ワットを超えています。しかし、その約30%が雲などによって宇宙空間に反射されていることを考慮すると、実際に地表面が受け取っているのは約239ワットに過ぎません。過去の太陽光度は今よりも小さかったことを考えると、地球史において海水を完全に蒸発させるには太陽放射だけでは足りないことになります。

地球形成期には、太陽放射に加えて、微惑星[*14]の衝突エネルギーもしくは巨大衝突によって加熱された地球内部からの熱の流れ（地殻熱流量と呼ばれます）によって、この条件が達成されていた可能性があります。その結果、地表付近の水はすべて蒸発して水蒸気大気を形成していたと考えられているのです。

しかし、そのような極端な条件を維持するのは大変難しく、いったんこの条件が破れて地表面に供給されるエネルギーが単位面積あたり300ワットを下回ると、水蒸気大気は突如不安定になって凝結し、海洋を形成することになります。逆にいえば、いったん海洋が形成されたあとに、このような状況が再び達成されることは、物理的には

＊14　**微惑星**

太陽系形成初期に固体微粒子が重力的に集合して形成されたと考えられている仮想的な小天体のこと。地球を含むすべての地球型惑星や巨大惑星の中心核は、微惑星の衝突合体によって形成されたと考えられている。

きわめて考えにくいのです。

これは、地球形成期に水蒸気大気が形成されたのであれば、海洋の形成は遅くても地球形成直後（より正確には地球形成途中）であることを意味します。そして、その後の地球史においては（ごく初期に起こったかもしれない小惑星の大衝突イベントを除けば）、海水がすべて蒸発してしまうようなことが生じたとはまず考えられません。

ただし、太陽光度は時間とともに増加しているため、遠い将来においては暴走温室条件が達成されることは避けられません。すなわち、将来、海洋はすべて蒸発して消失してしまうということです。より正確にいうと、今から約15億年後、成層圏における水蒸気の混合比が増加することにより、太陽からの紫外線によって生成された水素が宇宙空間に急速に逃げはじめ、約25億年後までに地球上の水はすべて蒸発して海洋は消滅するものと考えられています。

一方、海水がすべて蒸発ではなく「凍結」してしまった可能性は十分にあります。あとで解説する「全球凍結（スノーボールアース）イベント」と呼ばれる出来事です。しかし、そのような例外的な時期を除けば、海洋は地球史を通じて安定に存在していたと考えられるのです。

このことは、地球の気候の変遷を理解するうえで非常に重要です。海の存在によって、地球史のどの時点においても大気中には水蒸気が供給され、それに伴って雲が形成されてきました。すなわち、どの時点で雲量がどれくらいであったかを知らないと地球の温度は決定できません。しかし、雲量の情報は地層や海底堆積物コア、[*15]氷床コア[*16]には書き込まれていないのです。したがって、その理解には地球史のどの時点の条件でも計算可能な、完全に一般化された大気海洋大循環モデル[*17]を開発しなければなりません。雲の形成の問題は現在の気候に関しても一番難しい問題ですから、古気候まで含めた雲の形成とその役割を理解することは、現代科学の大きな課題でもあります。

＊15、16　海底堆積物コア、氷床コア
海底堆積物を掘削して回収した円柱状の岩石試料のことを海底堆積物コアと呼ぶ。また同様に、氷床を掘削して回収した円柱状の氷試料のことを氷床コアと呼ぶ。

＊17　大気海洋大循環モデル
大気と海洋の運動や熱輸送などを記述する方程式を同時に解くことにより、大気と海洋の相互作用を再現できる数理モデルのこと。

第3章

数十億年から数億年スケールの気候変動

3-1

気候の進化：数十億年スケールの変動

第2章で見てきたとおり、地球形成時には大気の主成分だった二酸化炭素は、地球史を通じて大幅に減少してきたと考えられています。これは、太陽光度の時間的増加の影響を相殺するように、炭素循環システムがウォーカーフィードバックを通じて応答した結果でした。それでは、気候は地球史を通じて一定だったのかといえば、そういうわけではありません。

二酸化炭素濃度は必ずしも直線的に減少してきたわけではなく、短期的には増えたり減ったりしながら、長期的に見れば減少傾向であったと考えるべきだからです。このような二酸化炭素濃度の時間的なゆらぎは、温室効果の増減を通じて気候変動と結びついているものと考えられます。あとで紹介しますが、実際にさまざまな時間スケールにおいて、そのような二酸化炭素濃度の増減と、気候の温暖化・寒冷化との間に相関関係が認められます。

こうした二酸化炭素のゆらぎはなぜ生じるのでしょうか？　それこそが気候変動の原因ということになります。そして、その原因は時間スケールによって大きく異なります。

たとえば、現代の地球温暖化問題では、人間活動による二酸化炭素の放出が大気中の二酸化炭素濃度増加の原因であることは明らかです。ただし、放出された二酸化炭素はそのまま大気中に蓄積するわけではなく、炭素循環を通じて大気と海洋、生物圏などの間で二酸化炭素が分配されるプロセスの影響を受けています。大気と海洋、生物圏からなるシステムは、数十〜数百年程度では平衡状態に到達しません。したがって、現在はその遷移的な過程をみていることになります。

一方、１００万年以上の時間スケールにおいては、火山活動の盛衰が大気中の二酸化炭素濃度に大きく影響します。火山活動による二酸化炭素放出量の増減によって、大気や海洋などの地球表層における二酸化炭素の総量が大きく変わり、その結果として大気中の二酸化炭素濃度も増減することになるからです。この詳細については、あとで解説します。

さて、地球史を通じた気候の変動（気候進化）には、「炭素循環システムそのもの」の変化による影響も考えられます。現在の炭素循環システムは、大陸の化学風化によって大気中の二酸化炭素が消費されるプロセスが重要な役割を果たしていることを第２章で説明しました。しかしながら、大陸地殻は地球史の半ば（約30〜25億年前）に急成長したと考えられていますので、地球史前半においては大陸の面積が非常に小さかったはずで、化学風化がかなり激しく生じなければ、火山活動で供給される二酸化炭素を消費することができなかったはずです。そのため、大気中の二酸化炭素濃度は非常に高いレベル（現在の数千～数万倍）に維持され、高温環境となっていた可能性が高いと考えられます。高温環境では水循環[*1]が激しく生じ、化学風化反応も促進される結果、二酸化炭素の供給と消費のバランスがとれるようになるからです。

実際に、そのような地質学的証拠があります。古海水温の指標としてしばしば用いられる酸素同位体比などのデータ[*2]に基づくと、約30億年前以前の海水温は60～80℃だったと推定されているのです（図3-1）。

一方、気候の寒冷化を示唆する氷河性の堆積物として最古のものは約29億年前のものであり、汎世界的な氷河時代となったことを示す証拠は約24億5000万～22億2200万年前のものです。これらも、地球史半ばを境に気候が寒冷化した可能性を示唆しています。

このように、地球史スケール（数十億年スケール）で見た場合の気候変動（気候進化）は、大陸の成長などによる気候システムや炭素循環システムそのものの変化が重要な要因であると考えられます。

＊1　**水循環**
海面から蒸発した水蒸気が雲となり地表に雨を降らせ、その水が河川や地下水として再び海に注ぐという循環のこと。

＊2　**酸素同位体比などのデータ**
酸素を含む鉱物（二酸化珪素や炭酸カルシウムなど）が海水から沈殿する際、温度に応じて酸素の同位体比が変化する性質があるので、鉱物中の酸素同位体比を測定すれば過去の海水温（古水温）を推定できる。最近では、鉱物中の珪素の同位体比から古水温を推定するなど、いくつかの手法が開発されている。

図 3-1　古海水温の変化
酸素同位体比およびケイ素同位体比に基づく推定

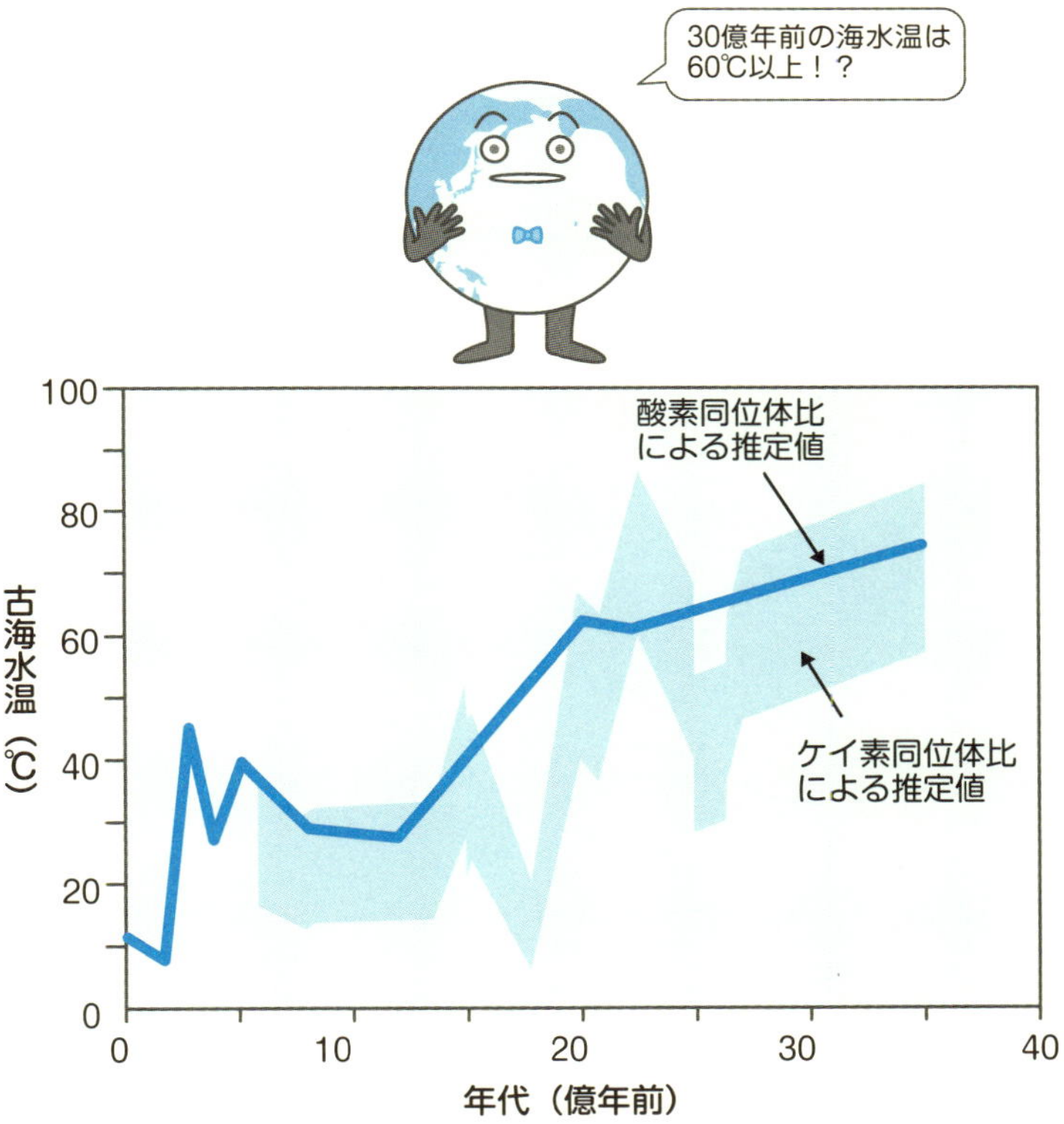

[Robert and Chaussidon（2006）より]

3-2 地球は温暖化と寒冷化を繰り返してきた

地球史を通じて、温暖化と寒冷化は繰り返し生じてきました。その実態は、地層に記録されています。たとえば、氷河作用によって形成される氷河性堆積物が地層に見られる時期は、寒冷期であったとみなされます。

地形の起伏とは関係なく広域に広がる氷河のことを「大陸氷河」または「大陸氷床」あるいは単に「氷床」といいますが、氷床が存在したという証拠が見つかれば、当時の地球は寒冷環境であったと考えてよいでしょう。そのような寒冷期のことを「氷河時代」と呼びます。ちなみに、現在も南極やグリーンランドには大陸規模の氷床が存在するので、氷河時代に区分されます。

では、どのようなものが氷床の存在した証拠とみなされるのでしょうか？　氷床は、大陸上を大河のように流動し、さまざまなサイズの岩片を取り込み、海岸付近で分離して氷山となります。氷山は沖合に流されて、氷の融解とともに取り込んだ岩片を海底に落とします。このような岩片のことを「ドロップストーン」と呼びます。普通ならば砂や泥がたまっている海底の堆積物中に、突然大きな岩片が含まれているのはとても不思議なことですから、ドロップストーンが見つかれば、その堆積物が形成された時期には近くに氷床に覆われた陸地があり、そこから氷山がやってきてその岩片を落としていったのだと推定できるのです。ほかにも、氷河作用を受けたさまざまな特徴が地層に見られるかどうかを調べることによって、氷床の存在を判断します。

図3-2は、地球史において氷床が存在したと考えられている時代を示したも

図 3-2　地球史における氷河時代

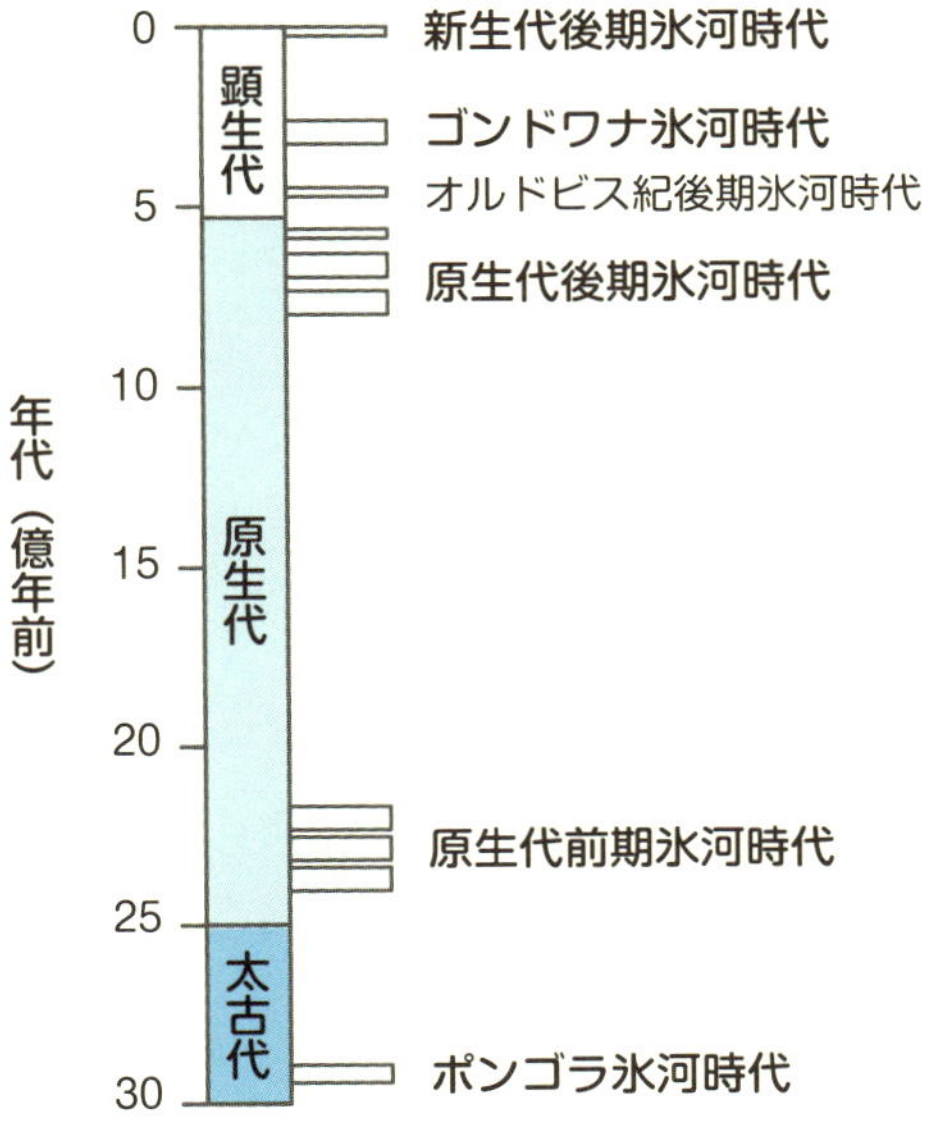

のです。もっとも古いものは今から約29億年前のポンゴラ氷河時代で、その後、原生代前期氷河時代（約24億5000万〜22億2200万年前）、原生代後期氷河時代（約7億3000万〜6億3500万年前）を経て、顕生代のオルドビス紀後期氷河時代（約4億6000万年前）、石炭紀後期（ゴンドワナ）氷河時代（約3億年前）、そして現在を含む新生代後期氷河時代（約4300万年前〜）と続きます。それ以外の時代は極域にも氷床が存在しないほどの温暖期だったということになります。

ただし、温暖期だとされているものの中には、まだその時代の確実な氷河性堆積物が発見されていないだけで、実は氷河時代であったという時代もあるかもしれません。実際に「氷河性堆積物であることが疑われるが、まだコンセンサスが得られていない」というものがいくつか知られています。多数の研究者によって、それが本当に氷河性堆積物であることの同意が得られない場合には、氷河時代とは認定されないのです。

そうしたことも踏まえたうえで、前ページの図3-2をもう一度見てみると、氷河時代は繰り返し訪れていますが、原生代半ば（約22億2000万〜7億3000万年前）には約15億年間にわたって温暖期が続いていたらしいことがわかります。顕生代（約5億4200万年前以降）においては頻繁に氷河時代が訪れていることを考えると、もし本当に約15億年間にわたって温暖期が維持されていたのだとしたら、とても不思議なことです。火山活動など固体地球の活動[*3]が現在とは異なるモードにあったとも考えられますが、まだよくわかっていません。

最近、原生代の前期と後期に訪れた氷河時代においては当時の赤道域にも大陸氷床が存在していた確実な証拠が発見され、地球全体が凍結していたのではないかと考えられるようになってきました。それが本当だとしたら、地球史上最大の気候変動といっても過言ではありません。これについては次節で解説します。

これまで見てきたように、地球史を通じてさまざまな気候変動が生じてきましたが、それらはさまざまな時間スケールで生じているため、あれもこれも一緒くたにしてしまうことは大きな誤解や混乱を招くおそれがあります。時間スケールの異なる現象は、基本的に異なる原因やメカニズムによって生じているので、それをしっかり区別することが重要です。遠い過去に生じた出来事だとしても、それが数年~数十年スケールで生じた現象なのだとしたら、決して私たちと無関係な出来事ではないともいえるでしょう。

そこで、以降の節ではこれまで知られているさまざまな古気候変動（過去の気候変動）について、その特徴的な時間スケールに注意しながら代表的なものを紹介していきます。

＊3　固体地球
地殻やマントル、コアからなる地球本体のこと。コア対流による地球磁場の生成、マントル対流による熱と物質の輸送、プレートテクトニクス、火山・地震などはみな固体地球の活動である。

3-3 全球凍結イベント：数十万～数百万年スケールの変動

原生代後期にあたる約6億5000万年前が汎世界的な氷河時代であったことは古くから知られていました。この時代の地層には、世界中どこでも氷河性堆積物が見られるのです。しかし、当時の気候がどのような状態にあったのかを調べるためには、当時の大陸配置に関する情報が必要です。なぜなら、大陸はプレートに載って移動してしまうからです。仮に、当時すべての大陸が北極か南極に集まっていたとしたら、すべての大陸から氷河性堆積物が見つかっても不思議ではありません。

そこで、岩石に記録された過去の地磁気の情報を推定することによって、氷河性堆積物が形成された当時のその場所の緯度が詳しく調べられました。その結果、たとえば現在の南オーストラリアは、この時代には赤道直下にあったことが明らかになったのです。当時、大陸は極域に集まっていたどころか、むしろ赤道域に集まっていたらしいことも明らかになってきました。赤道域に集まっていた大陸が、なぜ氷床によって覆われていたのでしょうか？

第1章で説明した放射エネルギー収支の考え方を拡張し、極域にできた氷（極冠）

が寒冷化とともに低緯度側に拡大する場合を考えてみましょう（図3‐3）。氷は反射率（アルベド）が高いため、氷の拡大によって地球が受け取る日射の総量が低下します。その結果、地球はさらに寒冷化し、極冠がさらに発達します。

このような正のフィードバック（アイス・アルベド・フィードバック）機構のために、極冠が低緯度（20〜30度）にまで大きく拡大すると、気候システムは急激に不安定となります。その結果、「気候ジャンプ」が引き起こされ、地球全体が氷に覆

図3-3　地球が取りうる気候状態

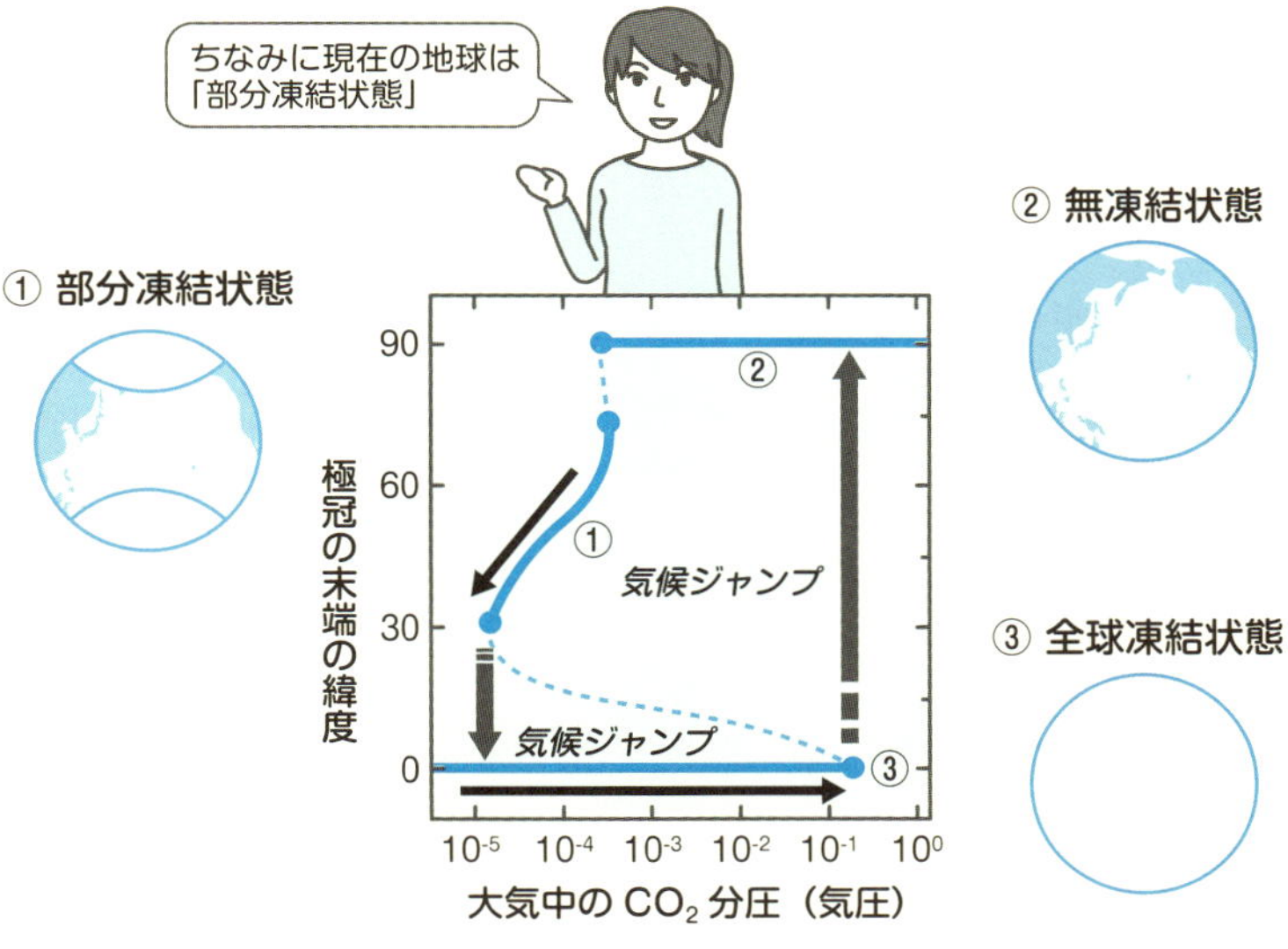

われた「全球凍結状態」に陥ると考えられます。極冠が低緯度まで発達するためにはおそらく数十万年以上の時間が必要ですが、気候ジャンプはわずか数百年程度で生じるといわれています。

それでは、なぜこのようなことが生じるのかといえば、大気中の二酸化炭素濃度の大幅な低下など、大気の温室効果が失われたとしか考えられません。たとえば、地球全体の火山活動の停滞などによって大気中に二酸化炭素が供給されなくなると、数十万年程度かけて地球は寒冷化し、ついには全球凍結状態に至ります。

現実の地球では、大気や海洋の循環によって低緯度の熱が効率的に中緯度に運ばれているため、このような不安定は起こりにくいのですが、それでも二酸化炭素濃度が大幅に低下すれば、結局は全球凍結状態に陥ることになります。たとえば、現在の地球では二酸化炭素濃度が数十ｐｐｍにまで低下すると全球凍結します。今から約6～7億年前の原生代後期においては、太陽光度が現在より6％程度低かったと考えられているため、二酸化炭素濃度が現在と同程度（数百ｐｐｍ）まで低下すれば、全球凍結が起きるはずです。ただし、原生代後期において、どのような理由で大気の温室効果が失われたのかについては、まだよくわかっていないのです。

原生代後期における赤道域に大陸氷床が存在していたことが事実であれば、理論的な考察に基づき、当時の地球は全球凍結状態であったという結論になります。これは「スノーボールアース仮説」と名づけられ、最近注目を集めています。

全球凍結した地球は、全球が真っ白な氷で覆われるため、アルベドがきわめて高く、太陽放射の60〜70％くらいを反射するようになります。その結果、地球の平均気温はマイナス40℃にまで低下します。海の水も表面から冷やされるために、厚さ1000メートルにわたって凍りついてしまいます。重要な点は、このように極端な状態ではあっても、全球凍結状態は地球の気候システムにおける「安定な状態のひとつ」であり、「簡単には抜け出すことができない」ということです。

地球は、現在のように部分的に氷に覆われた「部分凍結状態」（寒冷気候）のほかに、氷がまったく形成されない「無凍結状態」（温暖気候）、全球を氷で覆われた「全球凍結状態」（超寒冷気候）が安定な気候状態として実現可能であることがわかっています（79ページ・図3-3の青い線）。これらはすべて、地球が受け取る太陽放射と地球が宇宙空間に放出する地球放射とが等しい「エネルギー的につり合った平衡状態」にあります。たとえば、全球凍結状態においては地球が受け取る太陽放射のエネルギーは小さいものの、超寒冷気候のために地球が放射するエネルギーも小さく、エネルギー的にはちょうどつり合いが取れているのです。

では、地球はいったいどうやってこの状態から抜け出すことができたのでしょうか？　これが大きな問題でした。実は、地球が全球凍結状態に陥る可能性そのものは1960年代から知られていたものの、実際にそのようなことは生じなかったと考えられてきたのです。それは、いったん全球凍結状態になると、その状態から二度と抜け出せないと思われていたからです。しかし、スノーボールアース仮説では、全球凍結状態から抜け出すことが可能であるとする考えも示されました。それは、全球凍結状態においては、通常の炭素循環が働かないということが鍵を握っています。

大気中の二酸化炭素は、通常ならば大陸の化学風化や生物の光合成によって消費されますが、地表の水がすべて凍結してしまった状況においてはこれらの消費プロセスが停止するため、火山活動によって大気に放出された二酸化炭素は消費されずにそのまま大気中に蓄積し続けるはずです。そして、二酸化炭素が数百万年程度かけて現在の数百倍に相当する濃度（0・1気圧程度）になると、赤道域の気温が氷の融点を上回るようになります。すると、気候システムは不安定になり、再び気候ジャンプが生じて氷はすべて融解します。不安定が生じるのは、前述したアイス・アルベド・フィードバックと同様の理由によるものです。これによって、地球を覆っていた氷は数百〜数千年程度ですべて融解すると考えられます。

ここで注意したいのは、全球融解[*4]は気候ジャンプによって生じるため、大気中の二酸化炭素レベルはほとんど低下しないということです。このため、全球凍結状態から抜け出した直後の大気中には0・1気圧程度の二酸化炭素が存在することになり、全球平均気温が60℃に達するような高温環境になります。つまり、全球凍結イベントとは、極端な寒冷化が生じるだけでなく、極端な温暖化も伴うということです。全球平均気温の変化は、なんと100℃にも達します。

全球凍結イベントは、低緯度に氷床が存在したという証拠から、約23億〜22億2000万年前、約7億3000万〜7億年前、約6億5000万〜6億3500万年前の少なくとも3回生じたらしいことがわかっています。全球凍結イベントの詳細はまだ解明されていませんが、少なくとも地球史上最大規模の気候変動だといえるでしょう。それは、地球上のすべての生物にとって必要不可欠な液体の水がすべて凍結してしまうからです。全球凍結イベントが当時の生物に与えた影響は計り知れません。

地球環境の大変動は生物の大絶滅をもたらしますが、大絶滅は生物の大進化を促す側面もあわせ持つことから、全球凍結イベントは真核生物や多細胞動物の出現と因果関係があったとする説もあります。全球凍結イベントが生物進化にどのような影響を与えたのか、現在も論争が続いているところです。

＊4　**全球融解**
全球凍結している地球表面の氷がすべて融解すること。

3-4 顕生代の気候変動：数千万年スケールの変動

約6億年前、最後の全球凍結イベントが終わって間もない頃に、多細胞動物が出現したと考えられています。そして、今から約5億4200万年前に始まる顕生代のカンブリア紀に入ると、硬い殻や骨格などを持つ生物が出現しました（図3-4）。

硬い殻や骨格は、オパールや炭酸カルシウム、リン酸カルシウムなどの鉱物でできています。生物の軟組織である有機物は酸素と結合して分解されやすいのですが、鉱物はずっと安定な状態にあります。そのため、カンブリア紀を境に生物の硬骨格が化石として地層にたくさん残るようになりました。これらの化石から、顕生代においては生物の絶滅や多様化などの盛衰が高い時間解像度で明らかになるとともに、この時代を通じた気候変動に関する詳しい情報も得られるようにな

図 3-4　顕生代の地質年代区分（単位：億年）

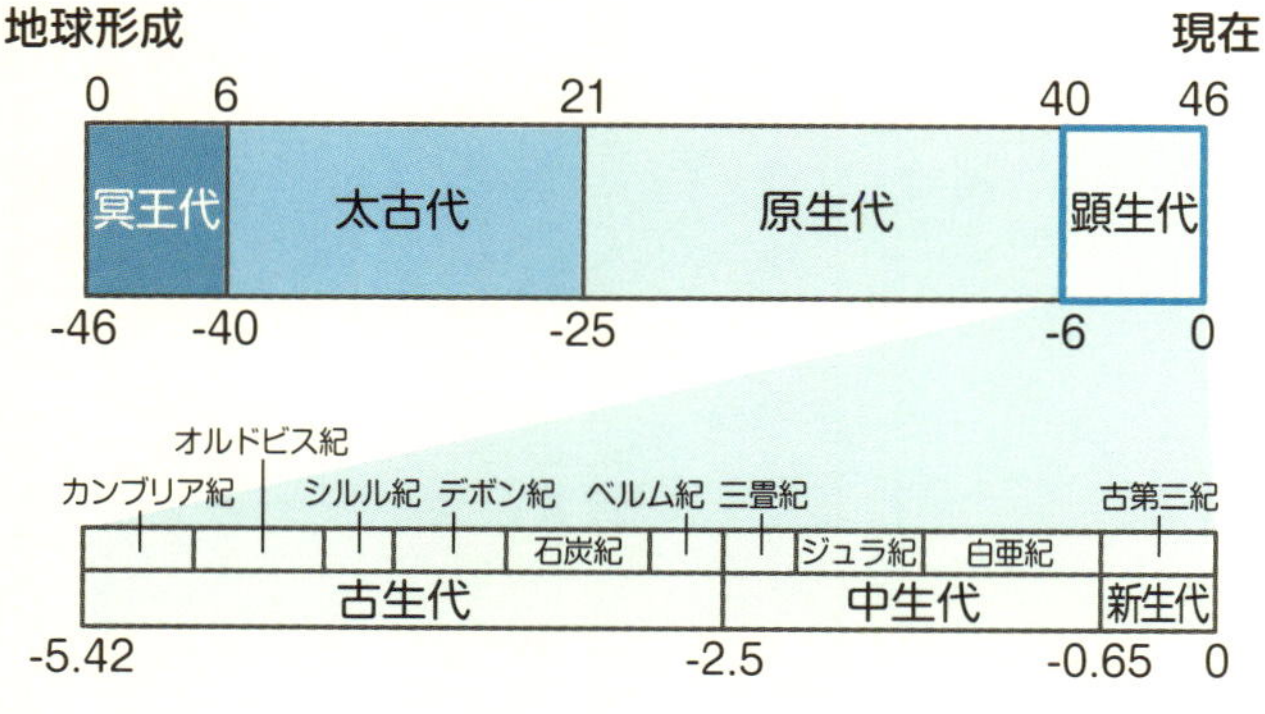

りました。

過去の大気中の二酸化炭素濃度を推定するのは大変難しいことです。あとで詳しく触れますが、過去数十万年程度については南極やグリーンランドの氷の中に当時の大気が気泡として残されています。しかし、それ以前の時代についてはそのような大気の「化石」が残されていないのです。そのため、二酸化炭素が関係するさまざまなプロセスの記録から、間接的に推定することになります。

たとえば、二酸化炭素は植物プランクトンの光合成によって有機物として固定されます。その際に炭素の同位体比が変わる性質が知られています。炭素には質量数が12と13の安定な同位体が存在しますが、生物はこのうち軽い炭素12をより好んで取り込む性質があります。その結果、生物の体を構成する有機物の炭素同位体比（$^{13}C/^{12}C$）は、環境中の炭素同位体比とは異なる非常に小さな値を持つことになります。ここで光合成の際、炭素同位体比の変化の大きさは、環境中の二酸化炭素濃度に依存します。このような関係に注目すると、有機物と海水中から沈殿した炭酸塩鉱物の炭素同位体比の差（＝炭素同位体比の変化の大きさ）から当時の大気中の二酸化炭素濃度を推定することができるのです。

そのほかにも、古土壌と呼ばれる昔の土壌の風化のされ方から化学風化にかかわる大気中の二酸化炭素濃度を推定する手法、陸上植物が二酸化炭素を取り込む葉の表皮にある小さな穴（気孔）の密度が二酸化炭素濃度に依存する関係を使う手法など、いろいろな推定方法が開発されています。どれも不確定性は大きいものの、過去の環境指標として大変貴重な情報が得られます。

そのようなさまざまな手法によって推定された、顕生代における古二酸化炭素濃度のデータの一部を図3-5に示します。過去約5億年にわたって、大気中の二酸化炭素濃度は大きく変動していたことがわかります。複数の方法で推定された古二酸化炭素濃度は、統計的に見て有意なある特徴的な変動を示しています。古生代前半（約5～4億年前）には現在の二酸化炭素濃度（産業革命以前の時点：約280ppm）の約20倍程度も高い濃度だったものが、古生代後期（約3億年前前後）になると現在とほぼ同程度にまで低下し、その後、中生代後半（約1億年前）になると現在の数倍～10倍程度にまで増加して、新生代後期には現在の低い濃度に低下、といった変動です。

顕生代における気候は、まさにこの二酸化炭素濃度の変動と調和的であることが知られています。古生代前半はとても温暖な環境でしたが、古生代後半には大氷河時代（ゴンドワナ氷河時代）が訪れました。その後、中生代後半の白亜紀には再びきわめて温暖な環境となりました。そして、新生代になると地球は寒冷化し、現在へとつながる新生代後期の氷河時代が訪れます。つまり、二酸化炭素濃度が高い時期は温暖期であり、低い時代は寒冷期（氷河時代）だったのです。このことからも、二酸化炭素と気候の密接な関係が読み取れます。

このような二酸化炭素濃度の挙動は、実は、こうした推定手法が確立する以前に、炭素循環に基づいた理論的なモデルによって推定されていました（図3-5の青い線）。そのような理論的推定を検証するためにさまざまな手法が開発され、モデルによる推定の正しさが明らかになってきたのです。炭素循環モデルによってそのような推定が可能であった理由は、地質記録に基づくさまざまな情報、たとえば火山活動や生物活動の変動などに関するデータをモデルの境

図 3-5　顕生代を通じた二酸化炭素レベルの変動

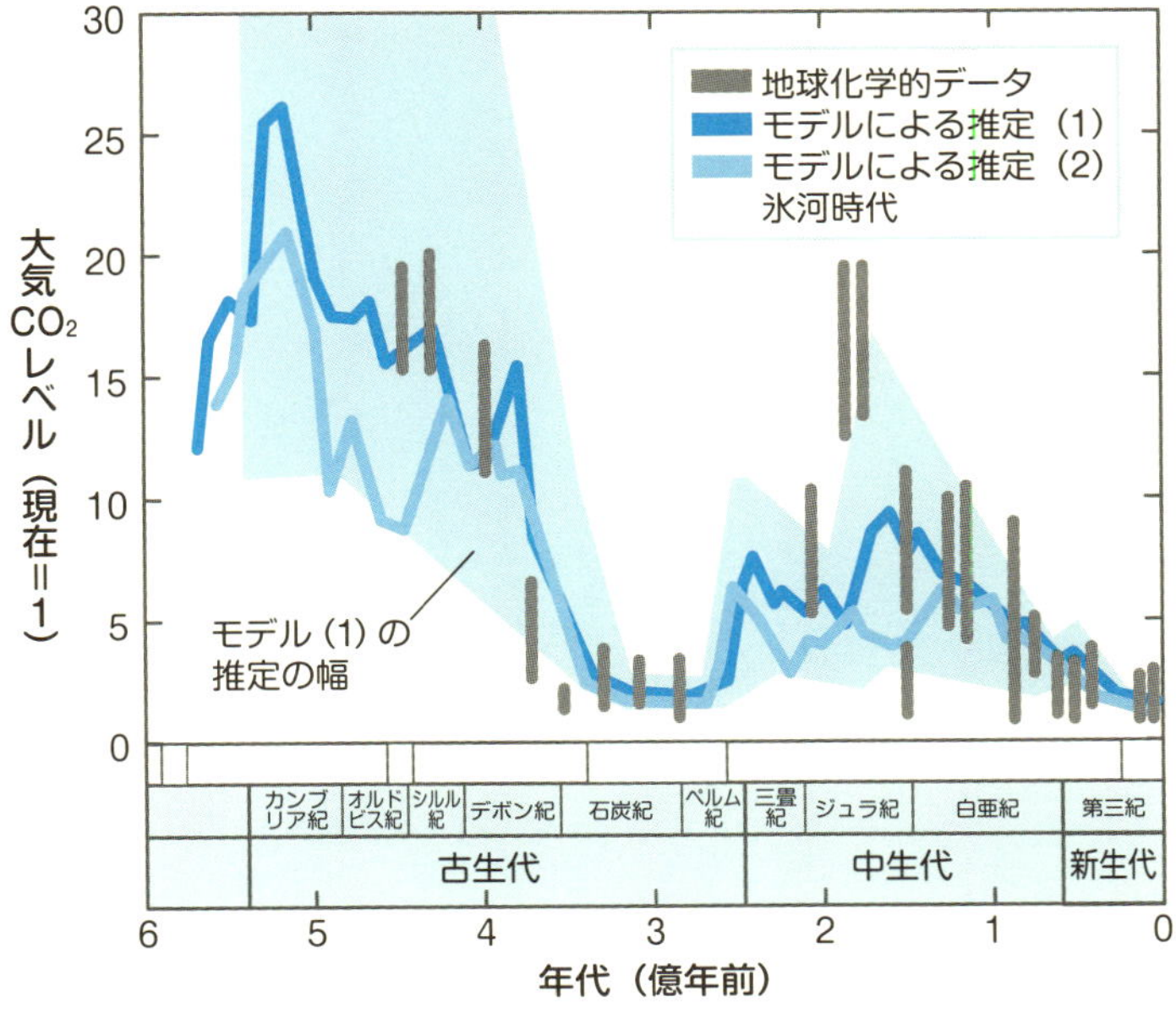

界条件として与えたからです。このことは、長期的に見た場合の温暖化や寒冷化の原因が、火山活動や生物活動などの変動によるものである可能性を強く示唆しています。

すなわち、火山活動が活発で二酸化炭素が大量に放出されていた古生代前半と中生代後半は温暖期であり、火山活動が停滞していた古生代後半および新生代後半は寒冷期なのです。また、古生代後半には、陸上に植物が進出し、大森林時代[*5]を迎えたことが知られています。陸上は植生で覆われると土壌が発達し、それが風化効率を増加させます。そのことが、炭素循環を通じて気候の寒冷化を引き起こしたものと考えられています。また、陸上植物はリグニン[*6]などの新しい有機化合物をつくるようになりましたが、そうした分解されにくい有機物が大量に湿地に埋没して保存されるようになったことも、この時期の寒冷化の原因だと考えられています。

ちなみに、顕生代を通じた古海水温の変動は、二酸化炭素濃度の変動とは一致しないという主張もあります。海水の酸素同位体比などの記録から復元された古海水温の変動からは、約1億3500万年の周期で温暖化と寒冷化を繰り返していたことが推定されます。古海水温変動の復元結果に見られる中生代ジュラ紀後半から白亜紀前半にかけての寒冷化（約1億5000万年前）や、オルドビス紀後半の氷河時代（約4億6000万年前）は、二酸化炭素濃度の変動ではうまく説明できないとされました。

＊5　大森林時代
古生代の石炭紀（約3億6000万年前～約3億年前）、リンボクなど20～30mの高さになる巨大なシダ植物類が大森林を形成していた時代のこと。大量の石炭が形成されたほか、大気中の酸素濃度が35%（現在は21%）にも達していたと推定されている。

＊6　リグニン
植物の細胞壁に含まれる難分解性の高分子有機化合物で、木材など木化した植物体中に20～30%存在する。セルロースなどと結合して存在し、細胞間を接着・固化し、植物体支持を担う。

したがって、このような長期的な気候変動は二酸化炭素濃度の変動によるものではなく、別の原因によるものではないか、ということが疑われました。

別の原因というのは、銀河宇宙線の変動です（第5章参照）。銀河宇宙線の変動が地球の雲量の変化をもたらし、それが地球のアルベドを変化させることによって気候変動が生じているとするものです。銀河宇宙線の周期的な変動は、太陽系が銀河系内を回転する周期によって決まっているのだといいます。

しかしその後、海水の酸素同位体比のデータから海水温を推定する手法に誤りがあり、その補正を考慮すると、海水温変化は二酸化炭素濃度変化と大きく矛盾はしないことが示されました。したがって、やはりこのような長時間スケールにおいても、気候変動は大気中の二酸化炭素濃度の変動によって支配されている可能性が高いことが明らかになっています。

このように、100万年以上の長い時間スケールでは、大気や海洋の二酸化炭素の総量を変えるような火山活動、有機物の生産と分解、大陸の化学風化など、大気や海洋と固体地球との炭素のやりとりが重要な役割を果たしています。とりわけ、数千万年以上の時間スケールでは、マントル対流やプレートの運動と関連して固体地球の活動が大きく変動するため、そのスケールでの気候変動の主要な原因となるのです。

3-5 白亜紀の温暖化と海洋無酸素イベント：数百万年スケールの変動

中生代後半の白亜紀（約1億4500万〜6500万年前）は、恐竜が繁栄していたことで有名ですが、気候が非常に温暖だったことでもよく知られる時代です。とりわけ、約1億年前の温暖化ピーク時には、全球平均気温が現在より6〜14℃も高かったと推定されています。海水温も高く、海洋のほとんどを占める深層水の温度が、現在ではどこでも2℃くらいしかないのに対して、白亜紀には17℃もあったと推定されています。そして、極域においても氷が形成されなかったと考えられています。このような温暖環境はいかにしてもたらされたのでしょうか？

白亜紀の温暖環境は昔から注目を集めていて、その原因についても、大気大循環モデルなどを用いてさまざまな研究がなされてきました。原因として研究されたのは、たとえば大陸配置の違い、ヒマラヤ山脈やロッキー山脈のような大山脈がまだ形成されていなかったこと、極域に氷が存在しないこと、植生の違いなどです。しかしそれらを考慮しても、これだけの温暖化を説明することはできないことが明らかになりました。

現在では、当時の大気中の二酸化炭素濃度が現在の数倍〜10倍程度高かったことが、白亜紀の温暖化の直接的な原因であると考えられています。では、なぜこの時期に二酸化炭素濃度が上昇したのかといえば、当時の固体地球の活動が活発であったことが原因とされています。当時のプレート運動の速度は現在の2倍近くにも達していたことがわかっており、火山活動が非常に活発でした。

現在は起こっていないタイプの超大規模火山活動が生じていたことも、よく知られています。それは「スーパープルーム活動」と呼ばれるもので、地球深部から熱いマントル物質が上昇してきて、地殻を突き破って非常に大規模な噴火を起こすという現象です。これにより大量の溶岩が噴出した結果、オントン・ジャワ海台[*7]のように途方もなく巨大な台地が形成されました。

このような巨大噴火は、私たちが知っている火山噴火とは根本的に異なります。幸いなことに私たちはこれほどの火山活動には遭遇していませんが、地球史においては繰り返し生じていたのです。白亜紀は、地球史的に見ると明らかに火山活動の活発な時期でした。

そうした温暖期において発生した「海洋無酸素イベント」と呼ばれる不思議な現象があります。読んで字のごとく、海水に溶存している酸素濃度が非常に低下したイベントです。その結果、海底において「黒色頁岩」と呼ばれる黒っぽい堆積物が形成され

＊7　**オントン・ジャワ海台**
ニューギニア東方の海底に位置する巨大な海台。面積がアラスカとほぼ同じで日本の5倍以上に相当する200万平方キロメートル、体積が約600万立方キロメートル。

ました。黒っぽく見えるのは、堆積物中の有機物の含有量が数%と非常に高いためです。有機物は、通常ならばほとんどが酸化分解されてしまうはずなのに、この時期には大量に海底堆積物中に保存されたのです。その理由は、海水中の溶存酸素が低下したためだと考えられています。同じ理由によって、海底に住んでいる生物の大絶滅も生じました。

海洋無酸素イベントは、地球史において繰り返し起きていることが知られ、白亜紀だけで5〜6回も生じています。顕生代を通じては、オルドビス紀後期、デボン紀後期、ペルム紀／三畳紀境界、ジュラ紀前期などでも発生しており、とても普遍的な現象ともいえます。なお、このイベントは温暖期に発生する傾向が見られます。

海洋無酸素イベントの本当の原因はまだよく解明されていませんが、海水に溶け込んでいる酸素が少なくなるのは、原理的には海水への酸素の供給が減ったか、消費が増えたか、またはその両方によるものだと考えられるでしょう。酸素の供給が減った理由としては、たとえば温暖化で水温が上昇することによって酸素の溶解度が低下して溶けにくくなったことが考えられます。また、海洋の循環が停滞して、海洋の深層領域に酸素が供給されなくなった可能性もあります。一方、酸素の消費が増えた理由としては、温暖化で化学風化による陸からの栄養塩（リンなど）の供給が増えることで、海洋表層における生物生産が増加し、海洋の中層（水深数百メートル付近）において海洋表層から沈降してきた有機物の酸化分解が大量に生じたことが考えられます。これらは、いずれも温暖化によって生じる可能性が指摘されています。したがって、温暖期において海洋無酸素イベントが生じたことには必然性があるのかもしれません。

有機物は二酸化炭素が固定されたものですから、大量の有機物が埋没したことは、大量の二酸化炭素が大気から除去されたことを意味します。これは、気候の寒冷化要因となるはずです。もし海洋無酸素イベントが生じなかったら、温暖化はさらに進んだことでしょう。つまり、温暖期に海洋無酸素イベントが生じることは、それ以上の温暖化を緩和する効果があるといえます。したがって、もし海洋無酸素イベントの原因が温暖化そのものに起因していたのだとすると、これは地球システムが持っている負のフィードバック機構のひとつとして理解することができるのかもしれません。

温暖な白亜紀のもっとも不思議なことは、極域ですらきわめて温暖であったという事実です。現在の地球では、赤道と極の温度差は41℃もあります。しかし、白亜紀においては、17〜26℃しかなかったようです。実際に、当時の北極圏や南極圏にも「爬虫類」である恐竜が生息していたことが、化石記録から知られています。

高緯度域が異常に暖かくなるのは、ほかの温暖期にも見られる特徴です。たとえば、今から約5000万年前も白亜紀中頃と同様の温暖期として知られています。この時期の極地域の地層からは、温暖な気候であったことを示す植物化石が発見されており、なんと緯度50度付近まで熱帯雨林が分布していたらしいのです。

このような極端な気候状態は、現代の気象学や気候学の知識では説明することができません。温暖化が進むと、私たちのまだよく理解していない物理プロセスが働く可能性があることを示唆しているといえるでしょう。将来の地球温暖化予測を行ううえでも、こうした過去の温暖期の理解はとても重要です。そのような背景から、現在この問題は古気候学者の間で注目を集めています。

第4章

最近の百万年スケールの気候変動

4-1 数万〜数十万スケールの変動

現在は地質学的に新生代の「第四紀」と呼ばれる時代で、前章で述べたように氷河時代に分類されます。現在は温暖期だと思っていた人もいるかもしれませんが、地球史においては、むしろ寒冷な時代に分類されるのです。ただし、現在は氷河時代における温暖モードである「間氷期」に相当します。もう一方の寒冷モードは「氷期」と呼ばれています。「氷河期」といったほうがわかりやすいかもしれません。

今からほんの1万年ほど前までは氷期でした。約1万年前から現在までの時代を「後氷期」または「完新世」、約7万年前から約1万年前の氷期のことを「最終氷期」といいます。最終氷期のなかでも寒冷ピークは約2万年前で、この時代は「最終氷期最寒冷期」(the last glacial maximum：略してLGM)と呼ばれています。

氷期と間氷期は、約10万年の周期で繰り返しています。その事実は、海底堆積物に含まれている有孔虫という生物の殻に含まれる、酸素の同位体比の分析結果から明らかになりました。有孔虫の殻は炭酸カルシウムでできており、その酸素同位体比は当時の海水の酸素同位体比を反映(記録)しています。海水の酸素同位体比は本来変わらないはずですが、一部の海水が蒸発して雪になり、陸に降り積もるプロセスを通じて、徐々に変わっていくことが知られるようになりました。

酸素には、原子量が異なる安定同位体が[*1]、酸素16、酸素17、酸素18の3種類あります。このうち、99％以上は酸素16です。水が蒸発する際、重い酸素同位体を含む水よりも軽い酸素同位体を含む水のほうが蒸発しやすいため、大陸の内陸部に降り積もった雪の酸素同位体はとても軽い組成になっています。逆に、海水には重い酸素同位体が取り残されていきます。すなわち、海水の酸素同位体比が重いということは、大陸に氷床が発達していることを意味するのです。

水分子の蒸発は、温度の影響も受けます。そのため、海水の酸素同位体比の変動は海水温と氷床量の両方の情報を持つことになりますが、酸素同位体比の変化の大部分は氷床の発達と後退を反映したものであることがわかってきました。

図4-1（次ページ）は、南極氷床を掘削して得られた氷のサンプル（アイスコア）に基づく、過去約80万年間にわたる気候変動の記録です。これを見ると、明らかに約10万年の周期で気候変動が繰り返されていることがわかります。寒冷化した時期が氷期、その逆が間氷期、ということになります。また、この繰り返しのグラフの形は左右対称ではなく非対称で、氷床はだんだんと成長し、急激に融解していることもわか

＊1　**安定同位体**
放射壊変せず、時間的に一定の割合で安定に存在する同位体のこと。

ります。

では、氷期と間氷期が周期的に繰り返すのはなぜでしょうか？　実は、この規則的な氷期・間氷期のサイクルは、地球の軌道要素＊2の天体力学的な変動によって生じていると考えられています。この考え方は、提唱者であるセルビアの地球物理学者ミルティン・ミランコヴィッチの名前を冠して「ミランコヴィッチ仮説」と呼ばれ、その周期的な変動のことを「ミランコヴィッチ・サイクル」といいます。

図 4-1　過去 80 万年間にわたる氷期・間氷期サイクル

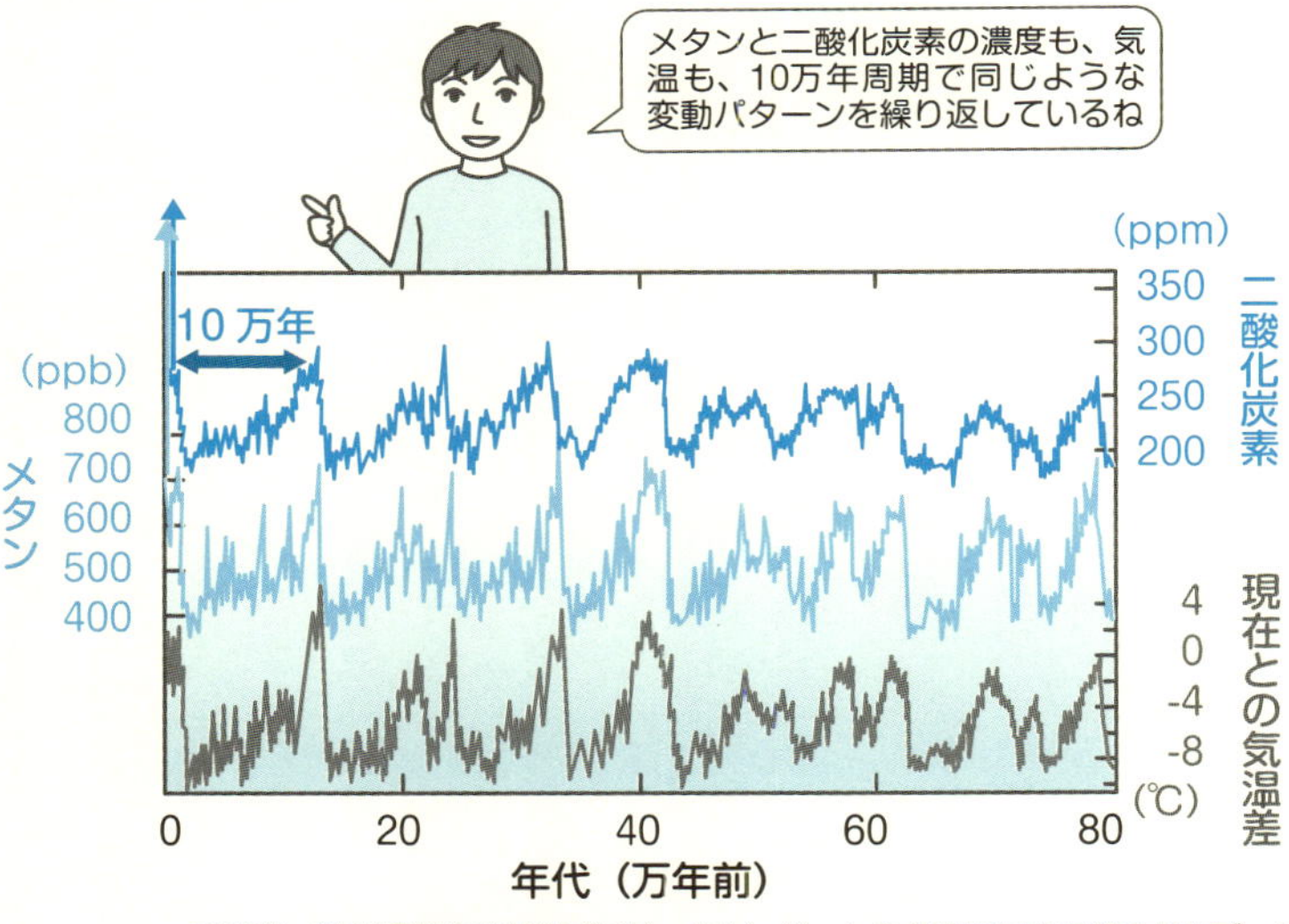

EPICA（欧州南極氷床掘削プロジェクト）ドーム C 氷床コアから得られたデータ

＊2　**軌道要素**
天体の運動を規定する変数（パラメータ）のことで、軌道長半径、軌道離心率、軌道傾斜角などのこと。

4-2

地球の軌道要素の変化が気候を変える

地球は太陽の周囲を公転していますが、完全な円軌道ではなく、わずかに歪んだ楕円軌道を描いています（次ページの図4-2）。その歪み方は、仮に地球が太陽系で唯一の惑星ならば不変です。ところが、実際には木星などの重力の影響を受けるため、若干のズレが生じます。その離心率[*3]は0から0・07の間で、約10万年の周期で変化しています。ちなみに、現在の値は0・0167です。楕円軌道では太陽と地球の距離が季節とともに変化しますので、離心率が大きいほど、地球が受け取る太陽放射の季節変化が大きくなります。

また、軌道面の垂線に対する地球の自転軸の傾きは、現在、約23・45度です。これも周期的に変動することが知られており、約4万年の周期で22・1度から24・5度の間を動いています。自転軸の傾きが大きくなると、その分、日射量の季節変化が大きくなります。つまり、夏はより暑く、冬はより寒くなるということです。各緯度帯の年間を通じた日射量や、その季節的な変化のしかたも変わることになります。

さらに、地球の自転軸の方向は円を描くように変化します。これは、コマを回したと

＊3　**離心率**
円軌道からのずれの程度を表す指標。

きにその回転軸が首振り運動するのと同じ現象で、「歳差運動」といいます。歳差運動の周期は、1万9000年、2万2000年、2万4000年の3つがあります。この運動のために、楕円軌道のどの位置で夏至や冬至を迎えるかが変化します。すなわち、歳差運動によって、季節のタイミングが少しずつ変わってくるのです。たとえば、自転軸の方向が逆になれば、それまでは夏だった時期が冬になるということです。

これらの組み合わせによって、地球が受け取る日射量の緯度分布や季節変化が影響を受けることになるのです。たとえば、太陽にもっとも近づくタイミングが北半球の夏になれば、北半球は「暑い夏」と「寒い冬」という組み合わせになり、季節コントラス

図 4-2　惑星の軌道要素

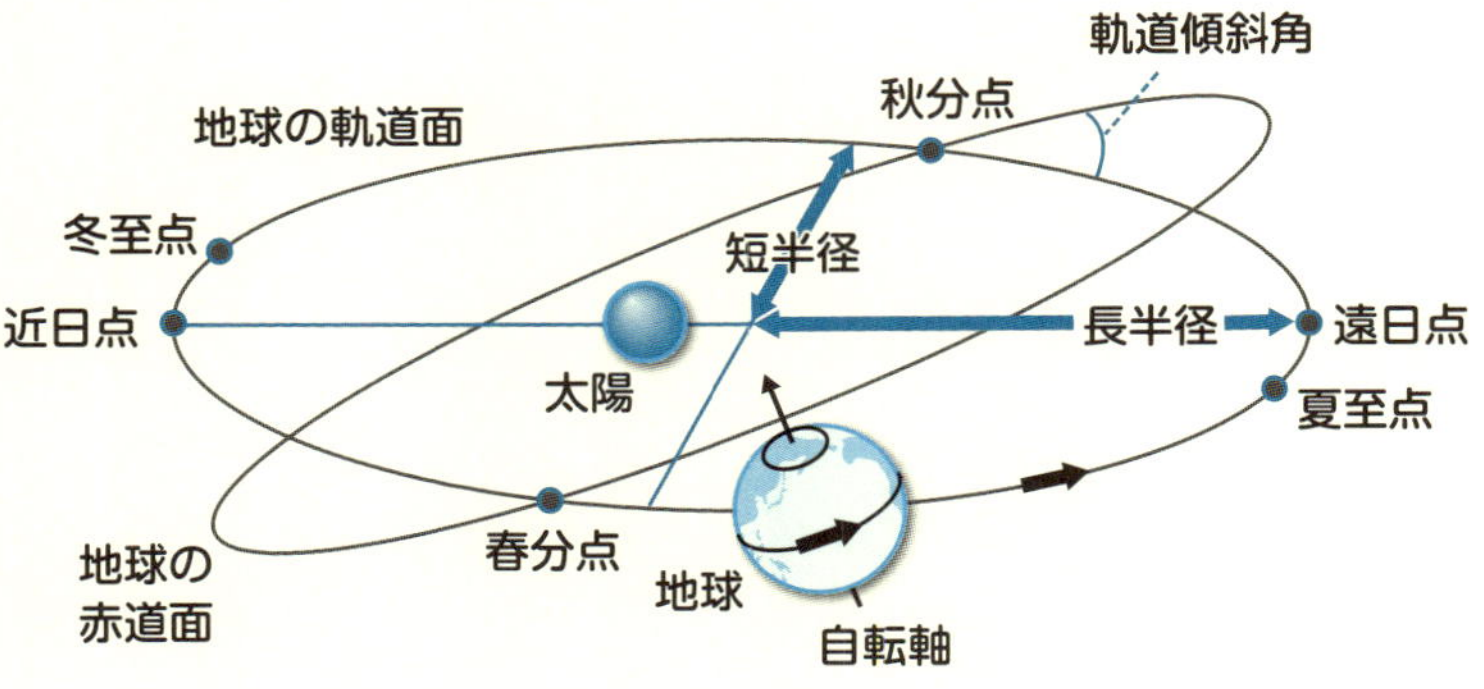

トが大きくなります。逆に、太陽からもっとも離れるタイミングが北半球の夏になれば、北半球は「涼しい夏」と「暖かい冬」という組み合わせになります。こうした違いは、氷床の発達を考えるうえできわめて重要です。

氷床は、冬に雪がたくさん降るから発達するのではありません。冬に降った雪が夏に解け残るからこそ発達するのです。そのためには夏が涼しいことが重要な条件となります。したがって、こうした季節コントラストの変化は、氷床の成長と後退に決定的な影響を与える条件と考えられます。

「いや、北半球がそうでも南半球はまったく逆では？」と思われるかもしれません。確かにそのとおりです。もし地球が南北対象であるならば。しかし、現在の地球は南北非対称なのです。これは、大陸の分布を考えればすぐにわかるでしょう。大陸が占める面積の割合は、北半球では約40％であるのに対して、南半球では約30％です。また、南極点は南極大陸で覆われていますが、北極は北極海で覆われています。水と岩石では比熱が大きく異なりますし、氷の成長のしかたも大きく変わります。そうしたことを考えれば、日射量の季節変化によって南北両半球で異なった影響が出てくるのは必然といえるでしょう。

ところで、時間とともに変化する量の周期性を調べる方法に、周期解析あるいはスペクトル解析というものがあります。これを使って、軌道要素の変化に起因する北半球高緯度（北緯65度）日射量変化の周期性を調べてみると、約2万年、約4万年、約10万年などの明瞭な周期があることがわかります。実は、これらの変化の周期は、氷期・間氷期サイクルが示す特徴的な周期とすべて一致するのです（氷期と間氷期の気候変動には、約10万年の周期だけでなく、約4万年と約2万年の特徴的な周期性も存在していることが知られています）。

したがって、軌道要素の変動に起因した日射量変動が氷期・間氷期サイクルの原因であることは、おそらく間違いないものと考えられます。

4-3 氷期・間氷期の10万年周期の謎

地球の軌道要素の変化が氷期・間氷期サイクルの原因であることは間違いないものの、それだけですべて完全に説明できるわけではありません。氷期・間氷期サイクルに特徴的な2万年周期と4万年周期はよいとして、実はもっとも顕著な10万年周期に対応するはずの日射量の変化があまりに小さすぎるのです。具体的には、公転軌道の離心率が0・07に変化しても、年積算日射量は0・2%ほどしか変化しません。これだけで氷期・間氷期サイクルの変動を説明するのは難しいといわざるを得ないでしょう。したがって、10万年周期の変動を増幅させるような、何らかの仕組みがほかに存在するはずです。

おそらくそれは、固体地球の応答ではないかと考えられています。氷床が成長すると、氷床の重みによって、大陸の基盤岩[*4]がゆっくりと沈んでいきます。これは地球内部のマントルが流動する性質によるものです。そのようなゆっくりとした応答が、10万年周期を増幅させていると考えられているのです。氷の量が少ないと、このような影響は小さいはずです。

＊4 **基盤岩**
大陸地殻の基盤をなす、古い時代に形成された変成岩や火成岩のこと。

実際に10万年周期が顕著になったのは今から100万年前以降の話で、それ以前においては、4万年周期が卓越していたことが知られています（図4-3）。このことは、氷床が大きく成長するようになると、基盤岩の応答メカニズムとの連携によって10万年周期が増幅されるようになる可能性を表しているように思われます。ただし、数値シミュレーションの結果によると、これだけでは10万年周期の説明としてはまだ不十分らしいのです。したがって、さらに変動を増幅させる仕組みがほかにあることになります。

そこでほかに注目すべき要素としては、大気中の二酸化炭素濃度やメタン濃度が、10万年周期に同期して変化していることが挙げられます。98ページの図4-1をもう一度見てみ

図4-3　氷期・間氷期サイクルの変遷

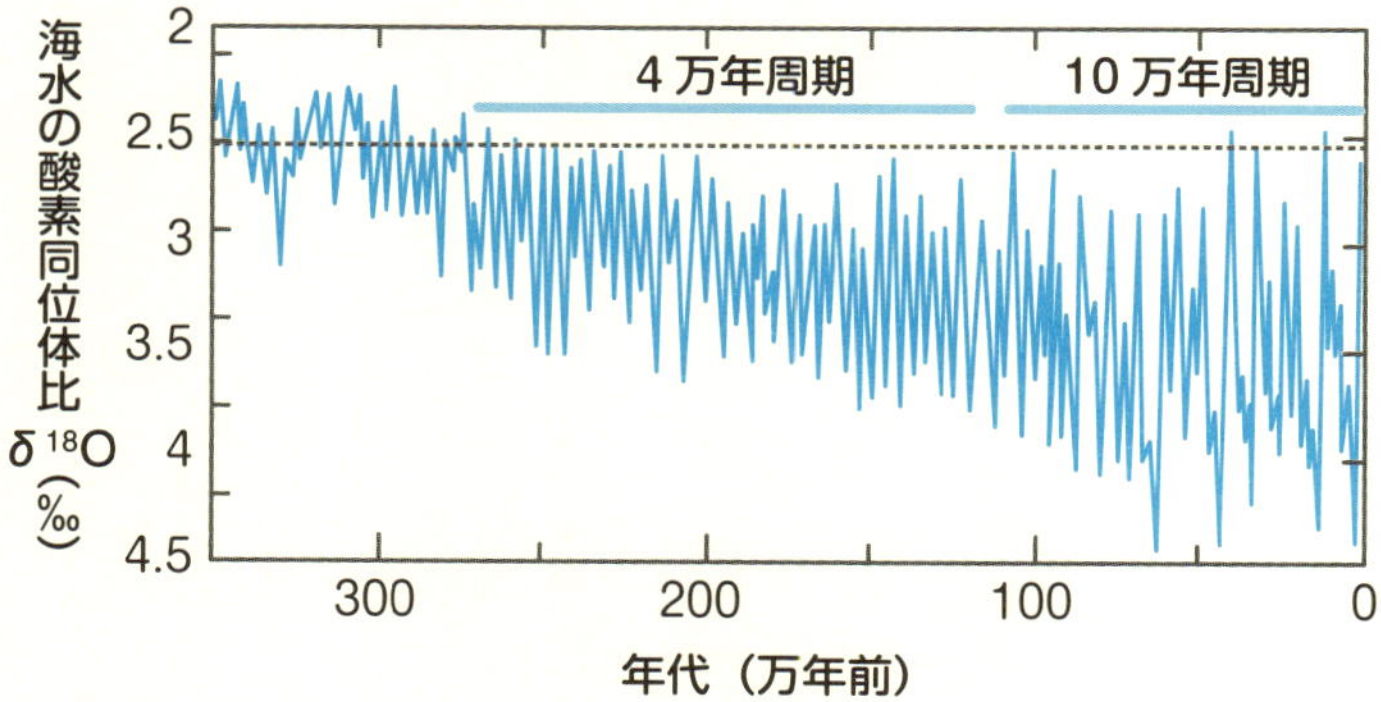

ると、大気中の二酸化炭素やメタンの濃度変化と温度変化には、とても強い相関関係があることがわかります。これらの温室効果ガスの濃度は、アイスコアに含まれている気泡中の気体を分析した結果から得られた値です。たとえば、氷期と間氷期に対応して、二酸化炭素濃度は約１８０ｐｐｍから約２８０ｐｐｍの間を変動しています。

氷床の成長と基盤岩の応答メカニズムに加えて、この二酸化炭素の濃度変化の効果まで考慮すると、10万年周期の顕著化をうまく説明することができるのです。したがって、ここでも二酸化炭素濃度と気候の密接な関係が見てとれます。

なぜこれらの気体の濃度が氷期・間氷期サイクルと同期して変化しているのかについては、必ずしもよくわかっているわけではありません。しかしながら、海洋の循環や海洋表層におけるプランクトンの活動など、炭素循環システムの変動が密接に関係していることは間違いないでしょう。

たとえば、今から約2万年前には、海洋循環が現在よりも弱くなっていたことや、少なくとも海域によっては生物生産性が高くなっていたことなどが知られています。こうしたことが原因で、大気中の二酸化炭素が海洋深層水や海底堆積物に分配されていた可能性が高いのです。一方で、陸上の植生の変化に伴って、現在よりも土壌中の炭素が６５０ギガトンも少なかったと推定されており、それがどこに分配されていたのかの解明も必要です。説明すべき二酸化炭素量の変動は、見かけの変動よりずっと多いのです。

ところで、「気候の変化」と「温室効果ガス濃度の変化」のどちらが先かということが、しばしば問題となります。氷期・間氷期サイクルについては、どちらの主張も存在します。アイスコアの記録には時間解像度の問題があり、気候と温室効果ガスのどちらが先に変化したのかを厳密に区別することが困難だからです。ただし、最近ではどうやら気候の変化が先であった可能性が高いのではないかと考えられています。温暖化した結果、大気中の二酸化炭素やメタンの濃度が増加したらしいのです。

これは、別に何ら不思議なことではありません。気候システムや炭素循環システムには、いろいろな正のフィードバック機構が内在されており、気候の変化を増幅させる仕組みがあってもよいはずです。たとえば、温暖化して海水温が高くなると二酸化炭素の溶解度が低下するため、それまで海水に溶け込んでいたものが溶けきれなくなって大気に放出される、あるいは、温暖化で永久凍土が解けてメタンが放出される、などといったプロセスの存在は十分考えられます。

重要なことは、温室効果ガスの変動が伴われることによって、たとえそれが気候変動の原因であろうが、結果であろうが、「気候変動が増幅される」ということです。大気中の二酸化炭素濃度を支配する炭素循環システムには、そのような挙動特性があるのです。氷期・間氷期サイクルの場合、気候変動のきっかけそのものは、おそらくはミランコヴィッチ・サイクルに伴う日射量変動ということになります。

こうした近過去における、比較的短い時間スケールで生じた気候変動の事例を理解することは、気候システムや炭素循環システムの挙動の解明にもつながる非常に重要な課題だといえるでしょう。

4-4 5500万年前の突然の温暖化：数千年スケールの変動

今から約5000万年前にあたる新生代の「始新世」と呼ばれる時期も、第3章で触れた白亜紀と同様の温暖期として知られています。その温暖化ピークの少し手前である約5500万年前において、突然かつ急激な温暖化が生じたことが明らかになってきました。「暁新世／始新世境界温暖極大」、または英語（Paleocene-Eocene Thermal Maximum）の頭文字より「PETM」と呼ばれるイベントです。このイベントの特徴は、わずか数千年〜1万年という地質学的に見れば一瞬のうちに、海水中に溶存している二酸化炭素の炭素同位体比が大幅に低下し（軽い炭素同位体に著しく富むようになり）、それに伴って急激な温暖化と海底に住む生物の大絶滅が生じたことです。

海水中には大気中の50倍以上の量の二酸化炭素が溶けているため、その同位体比を大きく低下させるには、通常であれば数十万年スケールの時間を要するはずです。それが数千年で顕著に変化したということは、通常とは異なる、何かきわめて異常な事態が発生したと考える必要があります。

もっとも単純な推測は、「炭素同位体比の小さな物質が、大気と海洋に大量に加えられた」ということです。その前提で考えられる可能性としては、「火山ガスの大量放出」、「有機物の大量分解」、「メタンハイドレートの大量分解」の3つがあります。このなかで炭素同位体比の値がもっとも小さいのは、メタンハイドレートです。ということは、メタンハイドレートの分解が必要な量はもっとも少なくて済む、つまり、もっとも起こりそうだということになります。

メタンハイドレートとはメタンを含む氷のことで、より正確には、水分子がつくる籠《かご》状の構造の中にメタン分子を内包したものです。火をつけると炎を出して燃えることから「燃える氷」としてよく知られ、主に海底の堆積物や陸上の永久凍土層などに存在します。日本周辺の海底にもたくさん存在することがわかっており、これをうまく利用できれば、将来のエネルギー問題の解決に役立つのではないかとも期待されています。

メタンハイドレート中のメタンは、多くの場合、生物がつくったものです。海底堆積物中には「メタン生成菌」というバクテリアがたくさん生息していて、有機物が分解してできる水素と二酸化炭素からメタンを生成する際のエネルギーを利用して活動しています。このときに生成されるメタンの炭素同位体比は、きわめて小さな値になることが知られています。したがって、メタンハイドレートが大量に分解すれば、非常に小さい炭素同位体比を持つメタンが放出され、大気や海洋の炭素同位体比を低下させることになるのです。

メタンはきわめて強い温室効果を持っています。しかし、太陽紫外線によって水蒸気から生成されるOHラジカルがメタンを酸化するために、数年程度の時間スケールで二酸化炭素に変化してしまいます。したがって、実際の温暖化は二酸化炭素の温室効果によるものと考えられますが、その量的な見積もりに関してはまだ議論が続いています。

大規模なメタンハイドレートの分解が起きた理由は、温暖化によって海水温が上昇した結果、メタンハイドレートが安定に存在できる温度条件が維持できなくなり、熱力学的に不安定になったからだとする説があります。PETMが生じた約5500万年前の地球は、温暖化のピーク（約5000万年前）に至る途上でした。そのような状況が、PETMをもたらしたのではないか、というのです。

しかしながら、たとえば火山活動に伴うマグマの貫入[*5]あるいは海底地滑りによる圧力の急激な解放によってメタンハイドレートが不安定になったのではないかなど、ほかにもいろいろな可能性が指摘されており、本当の原因はまだはっきりしていません。

いずれにせよ、このようなイベントがもし本当にメタンハイドレートの分解で生じたのだとすれば、いつ同じことが起こっても不思議ではない、ということになります。

＊5　マグマの貫入
地層や堆積物、岩石の割れ目などにマグマが流れ込むこと。その熱で周囲の岩石を加熱して変質させる。

とりわけ、急激な温暖化が進む現代の地球でこのような現象が生じる可能性については、真剣に検証する必要があるでしょう。いったんメタンハイドレートの大規模分解が生じたら、その影響はきわめて短い時間スケール（おそらくは数カ月～数年）で地球全体に及ぶことになるはずだからです。約５５００万年前という遠い過去に生じた出来事ではありますが、突然かつ急激に生じた温暖化イベントとして、ＰＥＴＭと現代の地球温暖化との類似性に世界中の注目が集まっています。

4-5

ダンスガード・オシュガー・イベント：数年〜数十年スケールの変動

本章で解説した新生代第四紀における氷期・間氷期サイクルとは、氷期と間氷期という2つの気候モードが約10万年の周期で繰り返すというものでした。しかし、実際の変動はそれほど単純なものではないことが明らかになっています。

図4-4は、グリーンランドのアイスコアから得られた過去20万年間の酸素同位体比の記録のうち、過去8万年分をさらに拡大したものです。非常に高い時間解像度で調べたことによって、最終氷期の描像が詳しくわかってきました。これによると、最終氷期を通じて、突然かつ急激で激しい気候変動が25回も繰り返し生じているのです。このイベントは、「ダンスガード・オシュガー・イベント」と呼ばれ、約1500年程度の準周期性があるともいわれています。

これは、アイスコアが回収されたグリーンランドの掘削地点において、わずか数年から十数年足らずで気温が10℃以上も上昇するという急激な温暖化と、数百年以上かけてのゆるやかな寒冷化で特徴づけられます。このような急激な温暖化は、過去の話とはいえ、現代の地球温暖化の時間スケールをも上回る（短い）ものであり、注目す

図 4-4　突然かつ急激な気候変動（グリーンランドの GRIP 氷床コアから得られた記録）

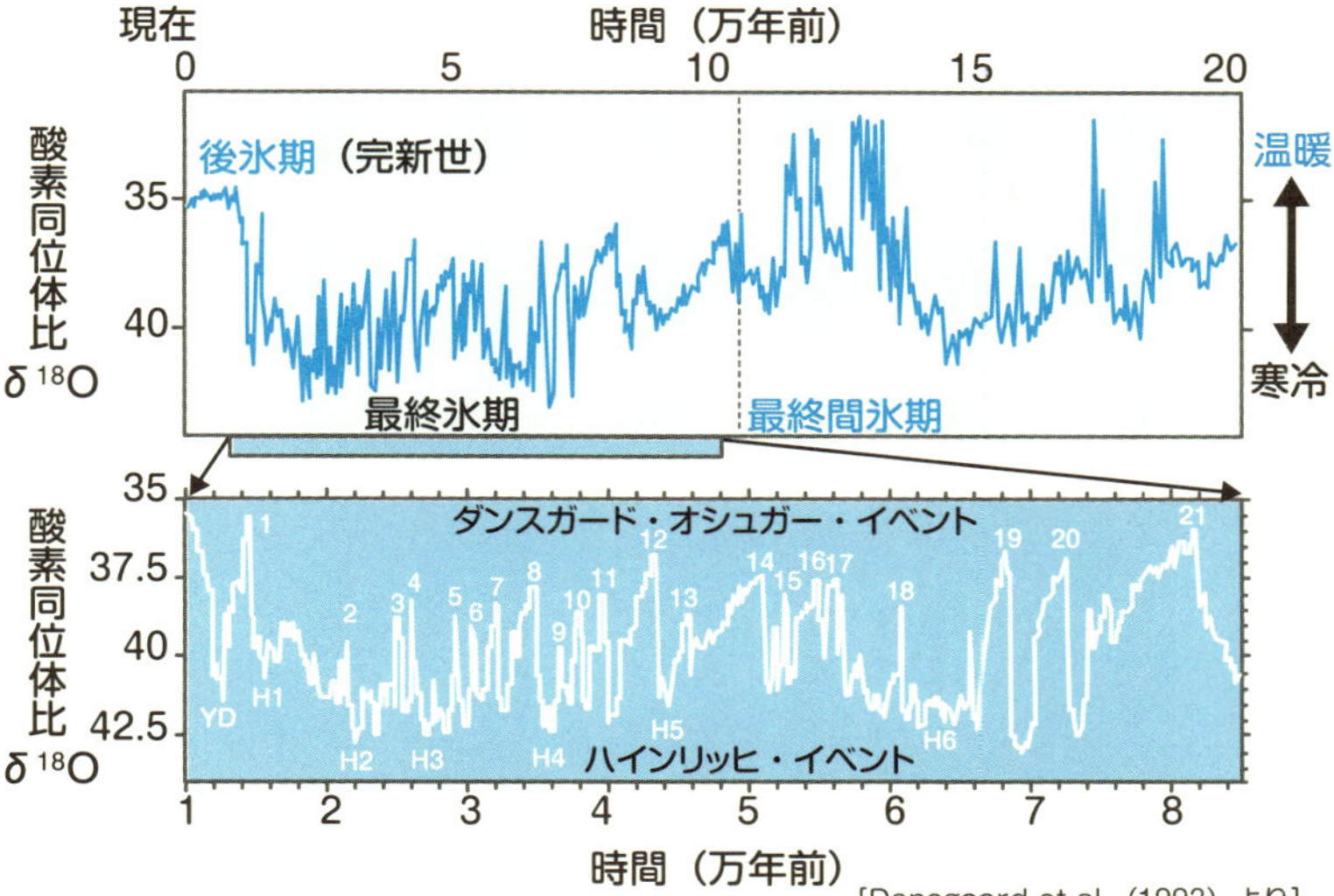

[Dansgaard et al.（1993）より]

べき現象です。

グリーンランドで見られたこの温暖化のシグナルは、北大西洋周辺で明瞭に見られるほか、北半球全体にその影響が及んでいます。ただし、それは必ずしも温暖化というわけではなく、降水量や海洋の生物生産性の変化などとして現れています。さらに、南極ではグリーンランドとは逆の変動になっていることがわかってきました。すなわち、グリーンランドの寒冷化ピーク時に南極では温暖化が生じていたのです。こうしたことから、どうやらこれは、気候システム内部において「南北間の熱の分配」が変動したことに起因する変動だったのではないかと解釈されています。

南北間の熱の分配とはどういうことなのか、現在の地球に当てはめて考えてみましょう。現在は、グリーンランド沖で冷たく塩分に富んで重くなった海洋表層水が沈み込んで北大西洋深層水が形成され、それが大西洋深部を南下して、南極付近でインド洋や太平洋へと広がっています。海洋表層ではそれを補うようにメキシコ湾の暖かい水が北上し、北大西洋海流という暖流となってヨーロッパ西岸に流れています。この結果、大西洋においては低緯度の熱が北向きに効果的に運ばれています。

実際に、ヨーロッパは日本などに比べればずっと緯度が高いのに、このような理由によって温暖な気候なのです（たとえば、東京は北緯35度40分ですが、パリやロンドンは北緯約50度であり、日本付近でいえばサハリン島中央部の緯度に相当します）。ところが、北大西洋深層水の形成がもし停止してしまうと、熱が北向きに運ばれにくくなるでしょう。それを考えれば、グリーンランドと南極の気候変動が逆位相になる理由が理解できます。

この仕組みは「バイポーラー・シーソー」と呼ばれています。これまでのさまざまな研究から、北大西洋深層水の形成は強くなったり弱くなったりする挙動が知られており、それによってこうした南北間の熱の分配の変化を伴うような、突然かつ急激な気候変動が生じるらしいのです。

4-6 ヤンガー・ドリアス：数年〜数十年スケールの変動

今から約1万2900年前に、急激な寒冷化イベントが生じました。「ヤンガー・ドリアス」と呼ばれるものです。ちょうど最終氷期が終わり、現在の間氷期（後氷期または完新世と呼ばれます）に向かった温暖化の途中で、突然、それに逆行するように寒さが戻ってきたのです。この時期には、北半球の極地や高山のような寒冷地に生育するDryas octopetala（和名はチョウノスケソウ）という植物の花粉が増加したことから、このように名づけられました。

ヤンガー・ドリアスの寒冷化は、約1万2900〜1万1500年前にかけて、主に北半球で生じました。この現象も、前節で触れた北大西洋における海洋深層水形成の変化によって生じたものと考えられています。

最終氷期の終わりとともに「ローレンタイド氷床」と呼ばれる北米大陸を覆っていた巨大な氷床が縮小しましたが、その過程で「アガシー湖」と呼ばれる巨大な氷河湖*6が形成されたといわれています。現在の五大湖を合わせたよりも大きかったというアガシー湖の水は、ミシシッピ川を通じてメキシコ湾に流れ込んでいました。

＊6 氷河湖
氷床の解け水がたまってできる天然のダム。

ところが、ローレンタイド氷床のさらなる後退によって、突然、大量の淡水がセントローレンス川を経由して北大西洋に流れ込むようになりました。これにより、塩分を含まない密度の軽い淡水が北大西洋の表面を覆うことになります。そのため、グリーンランド沖での海水の沈み込みが起こらなくなったとされているのです。その結果、南北間の熱輸送効率が悪くなり、ヨーロッパは寒冷な気候に逆戻りしたというわけです。この変化は数十年かそれ以下という短い時間スケールで生じたものと考えられています。

そもそも、最終氷期においては北大西洋深層水の形成が弱まっていたことが知られています。北大西洋深層水の形成は、気候の形成にとても重要な役割を果たしているのです。この例を見ても、気候の変動を理解するためには、大気だけではなく、海洋や氷床を含めた気候システム全体の挙動を理解することがいかに重要かわかります。

4-7 ハインリッヒ・イベント

北大西洋北部では、海底堆積物中に最終氷期のドロップストーンが大量に見られる時期が繰り返しています。これは、北米大陸を覆っていたローレンタイド氷床の崩壊が繰り返し起こったためであると考えられています。氷床の崩壊はたくさんの氷山をつくり、取り込んでいた岩片を海底に落としたのだろうと推測されます。このイベントは、「ハインリッヒ・イベント」と呼ばれており、約7000年の周期で繰り返しています（113ページの図4-4参照）。

氷床が成長するとその重みで基盤岩が沈んでいくことを本章4-3節で説明しましたが、氷が厚くなってくると、地熱のために次第に氷床底部の温度が上昇します。やがて、氷の融点を超えると氷床は滑りやすくなり、大規模な氷床の崩壊が生じることになります。このような氷床の成長に伴う自律的な変動が原因で、ハインリッヒ・イベントが生じるのではないかと考えられています。ハインリッヒ・イベントの直後にダンスガード・オシュガー・イベントが生じることも知られており、両者には深い関係があるようです。

これらのイベントは、いずれも〝突然かつ急激〟に生じることに特徴があります。そのような特徴から、地球の気候システムには複数の気候状態（気候モード）が存在しており、ある気候モードから別の気候モードに〝突然かつ急激〟に変化するのではないか、という可能性が考えられるのです。そこには、何らかの「臨界条件」が存在するはずです。

こうしたイベントの詳細は、現代の地球だけを眺めていても決してわかりません。過去の地球で生じた出来事を調べて理解する必要があるのは、まさにこのような理由によるものです。過去に生じたさまざまな気候変動の事例を詳しく調べることで、地球システムの特性や挙動に関する理解が格段に深まることが期待できます。とりわけ、ごく短い時間スケールで生じる現象は、もし近い将来に起こったとしたら、私たちの人生の時間スケールで見ても決して無視することはできません。したがって、その実態やそれが生じる条件を理解することがとても重要です。

4-8 1万年前から現代まで

新生代第四紀の完新世（過去約1万年間）は、驚くほど安定した気候状態が維持されてきたようです（詳細は次節で説明します）。ただし、それはあくまでも完新世以前（約1万年より以前）と比べてということであり、まったく変動がなかったわけではありません。

なかでもよく知られているのは、約9000～5000年前までの「完新世気候最温暖期」または「ヒプシサーマル期」と呼ばれるものです。この時期には、高緯度において現在よりも温暖化が顕著であったことが知られていますが、中低緯度ではそれほど大きな違いはなかったようです。

温暖化の原因は、地球の軌道要素によるものとされています。この時期には自転軸の傾きが24度となり、北半球の夏にもっとも太陽に近づいていました（現在の自転軸の傾きは23・45度で、北半球の冬にもっとも太陽に近づきます）。そのため、北半球の夏至における高緯度地域の日射量は、現在より8％も高かったことになります。日本では「縄文海進」*7と呼ばれる時期に相当し、海水準も今より2～3メートルほど高くなっ

＊7　縄文海進
約6000年前の縄文時代前期において、海面が今よりも2～3m高くなったこと。

ていました。「緑のサハラ」*8と呼ばれる湿潤気候も、この時期です。その後、再び「中世の温暖期」として知られる温暖化が10～14世紀にかけて生じました（次ページ図4-5）。この時期のヨーロッパでは、十字軍の遠征や、ヴァイキングによるグリーンランドへの入植など、歴史的にも北方への領土拡大が盛んであったことが知られています。ただし、この時期の温暖化が世界的なものであったのかは、疑問視されています。

続いて、14世紀半ば～19世紀半ばにかけての「小氷期」と呼ばれる寒冷期が訪れました。この時期は、「マウンダー極小期」という太陽活動の静穏期に対応しており、太陽活動との関連が盛んに議論されています。ただし、これについても全球的な寒冷化であったのかどうかは疑問視されています。

そして、産業革命以降の人間活動による化石燃料の使用や森林伐採などによって、大気中に大量の二酸化炭素が放出されるようになり、大気中の濃度上昇が顕著となったのが20世紀です。それまで約1万年前から約280ppmという間氷期のレベルに維持されてきた二酸化炭素濃度は、20世紀後半から急激に上昇し、現在400ppmになろうとしています。さまざまな分析の結果、現在は過去1300年間のどの時代よりも暖かい時代である可能性が高いとされているのです。

*8　**緑のサハラ**
約8000年前のサハラ砂漠は、湿潤な気候となった時期のこと。

最大の問題となるのは、温暖化のスピードです。通常、氷期から間氷期に向かうときの「温暖化」は、100年あたりで大きくてもせいぜい0・1℃増程度の緩やかな勾配を描くものです。ところが、IPCC第4次報告書によれば、現在進行中の温暖化のペースは、過去にないハイペースで進んでいるという評価がなされているのです。

図 4-5　過去 1300 年間の気候変化

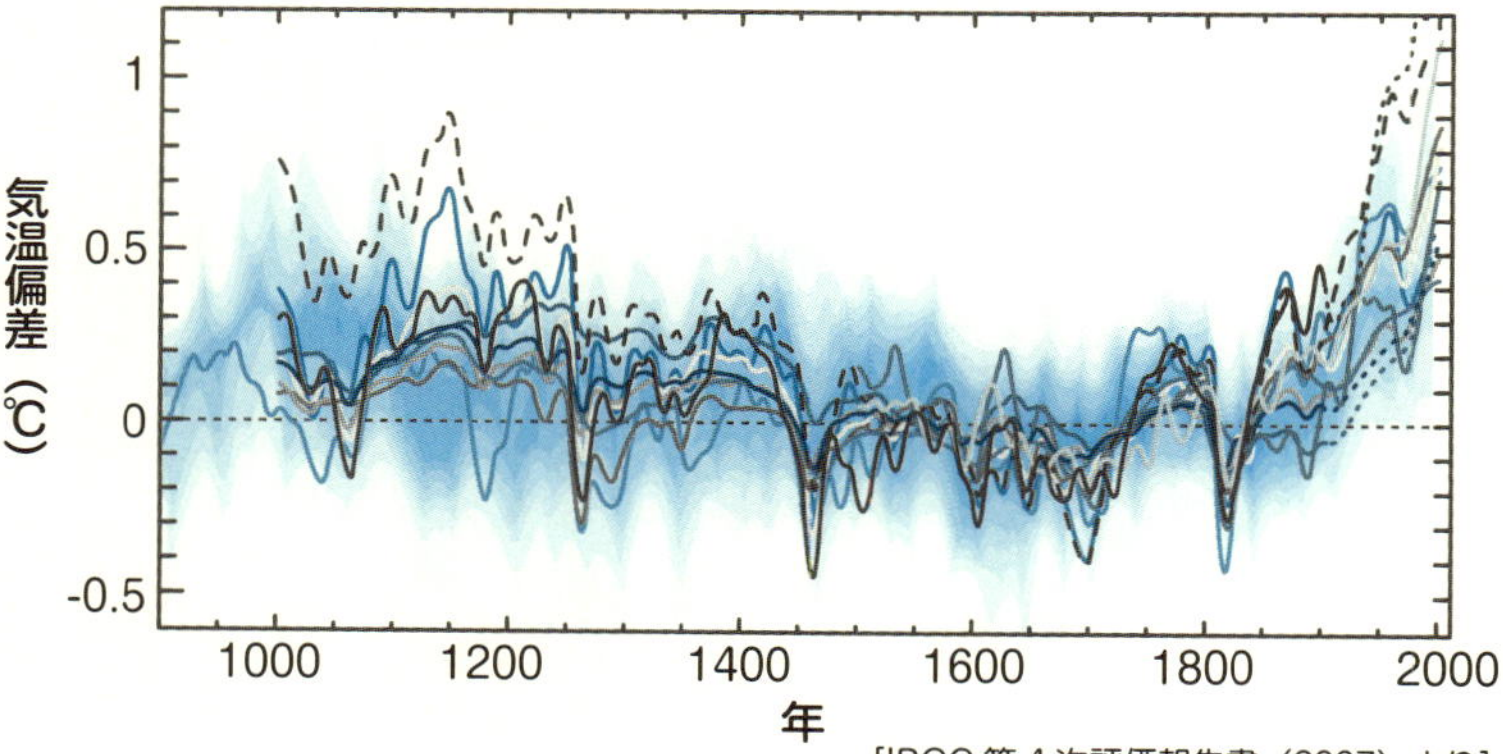

[IPCC 第 4 次評価報告書（2007）より]

※図中の曲線は、さまざまな研究によって復元された気温変化のデータセットを表す。

4-9 安定気候と文明の発達

最終氷期が終わって、後氷期（完新世とも呼ばれる過去約1万年間）に入ると、驚くほど安定した気候状態が維持されるようになりました。それは、酸素同位体比の変動にはっきりと記録されています（113ページの図4-4参照）。これまで本章で説明してきたように、それ以前の最終氷期においては、突然かつ急激な気候変動が何度も繰り返し起こりました。そのような変動は、完新世では生じていないのです。

その完新世において、人類が文明を築き上げたことは偶然とは思われません。完新世の安定な気候状態は、人類文明の発展にとって本質的に重要な要素だったのではないでしょうか？　寒冷化や干ばつなどの気候変動が人間の生活に大きな影響を及ぼすことを考えれば、気候の安定性が重要であることは明らかです。

しかし、最近約1万年間にわたって気候状態が非常に安定している理由については、残念ながらまだ解明されていません。有史以来、人類は幸運にも、最終氷期のようなレベルの突然かつ急激な気候変動を経験していませんが、まさにそのために、こうした現象の理解が遅れているのだともいえるでしょう。

現在とのアナロジー（類比）として重要な研究対象は、現在の1つ前の間氷期である「最終間氷期」（約13万〜12万年前）です。この時期の気候状態が、果たして安定していたのか不安定だったのかが、将来を占う意味でもっとも重要な情報を与えてくれるはずだからです。

残念ながら、これまでのアイスコアのデータは不完全なもので、まだ完全な解明には至っていませんが、最近の研究によれば、少なくとも最終間氷期の後半数千年間については安定していたようです。それが事実であれば、とても幸運なことです。

しかしながら、最終間氷期の気候は現在よりも海水準が4〜6メートル高かったことがわかっています。つまり、現在よりもさらに温暖な気候だったらしいのです。このことは、温暖化した将来の地球がどのような安定状態になるのかを予測するうえで、注目すべき事実といえます。

こうした点も含めて、現在や将来の気候状態の理解には、地球史を通じた過去の気候変動についての理解が欠かせません。

第5章

近年の気候変化を理解する

5-1 近年の気候研究に求められる要件

　これまでの百年とこれからの百年の気候変化は、前章までに見てきたような地球史としての壮大な気候変動のなかで、ほんの一瞬ともいえる間の現象です。しかし、この時代には、高度な技術と高効率な経済システムに支えられた現代の社会が存在します。そうした私たちの社会や経済は、地球史のなかでは「わずか」と思われるような気候変化でも、甚大な影響を被る可能性があるのです。技術の進歩に伴って自然災害による死者は減少していますが、それでも図5-1に示すように経済損失は年々増大しています。

　適切な対応策を講じるためには、その基礎知識となる気候予測の誤差をできるだけ小さくしなければなりません。そのため、現在そのモデリングは非常に高度なコンピュータモデルによって行われており、変化メカニズムの理解も、シミュレーションの精度も、格段に高いものになっています。また、モデルの検証に使うことのできる観測データも大幅に増えました。今後もますますその精度を向上していくことが望まれています。そうしなければ、1℃当たりに莫大な費用のかかる温暖化対策の前提になる気候予測計算の説得力も、適切な対策の立案もできません。

　地球温暖化問題の研究は、地球史全体にかかわる気候研究とはまったく異なる精度と影響評価の研究といってもよいでしょう。

図 5-1　保険料の増大

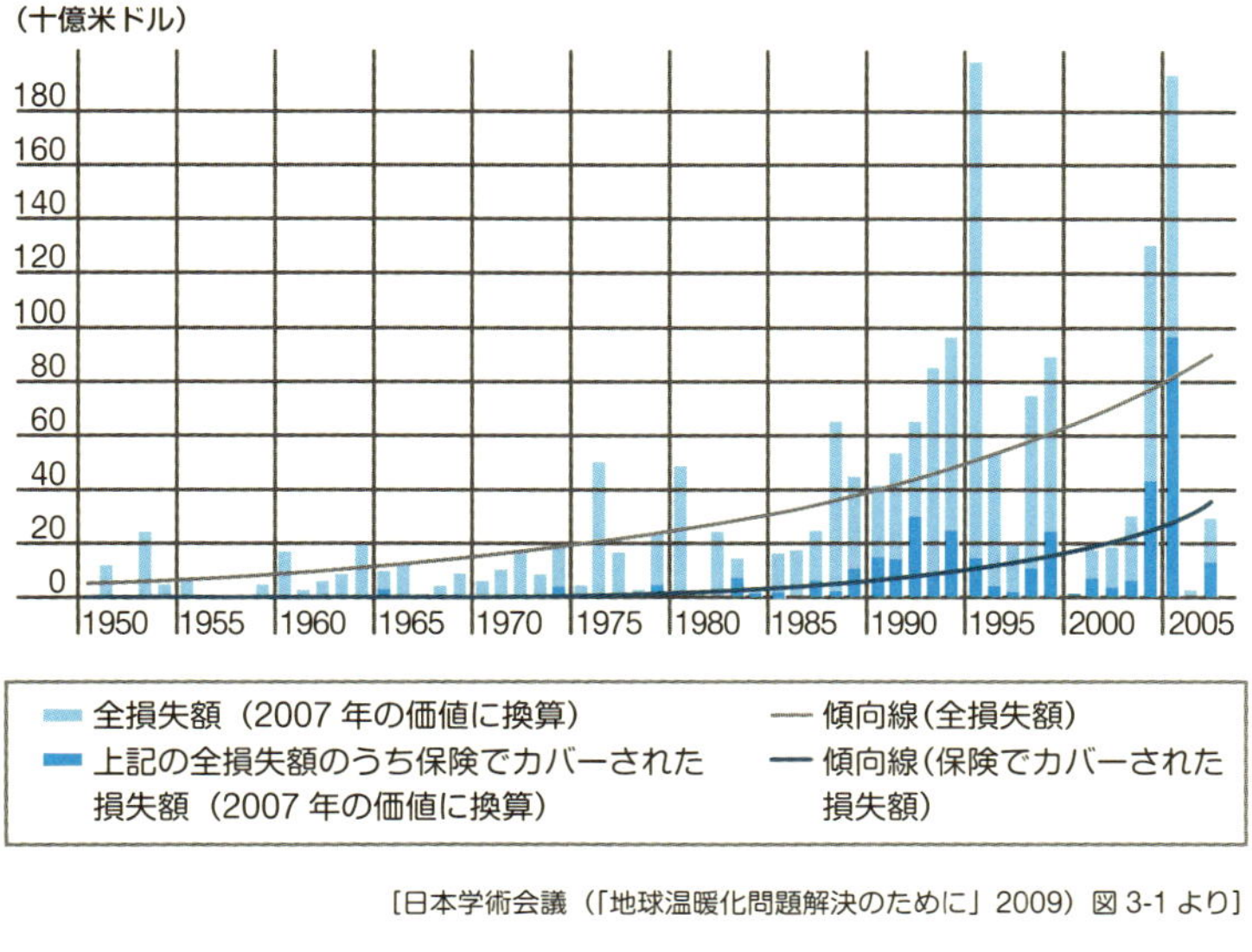

［日本学術会議（「地球温暖化問題解決のために」2009）図 3-1 より］

5-2 もうひとつの地球をつくって温暖化の原因を探る

　過去100年程度の気候研究の大きな特色は、高度に発達した気候モデルが使われていることです。これらの気候モデルは、フォートラン[*1]などのコンピュータ言語を用いた数十万行のプログラムでつくられています。地球とその表層を構成する大気、海洋、陸面を有限の空間格子[*2]に区切り、そのうえで、地形データ、海水や大気の温度、組成、速度ベクトルなどを、物理化学の基本原理によって計算するのです（図5-2）。基本原理としては、流体の運動方程式、熱力学方程式、放射伝達方程式などの物理と化学の基本方程式が使われており、できるだけ多様な気候変化に対応できるようにつくられています。

　なお、海洋については、全球規模の海洋循環や、大気と海洋の直接的な相互作用を妨げている海氷なども含まれます。大気・海洋間の相互作用が重要な役割を果たすところから、気候モデルは「大気・海洋結合モデル」[*3]でもあります。現在、世界で使われている気候モデルでは、大気・海洋結合モデルを基本に据え、他の気候のサブシステムを採り入れています。たとえば、最新のモデルにおける陸面のサブシステムでは、水文（土

＊1　**フォートラン**
コンピュータ演算のためのプログラム言語のひとつ。科学技術計算に向いており、スーパーコンピュータによる大規模シミュレーションなどに広く利用されている。

＊2　**空間格子**
水平方向および高さ方向を離散的な空間格子で近似することにより、コンピュータによる風の流れなどの計算を可能にする近似法に使われる。

壌水分、河川、湖沼）や生物圏の応答（植生、生態系）、地形や土地利用の影響なども考慮されています。

このようなモデルは「地球システムモデル」と呼ばれ、さらに太陽活動の変化、火山噴火や温室効果ガスの変動、エアロゾル[*4]の直接・間接にわたる効果なども、重要なファクターとして採り入れられています。こうしたモデルを使って、太陽定数1366W/m^2

図 5-2　数値気候モデル

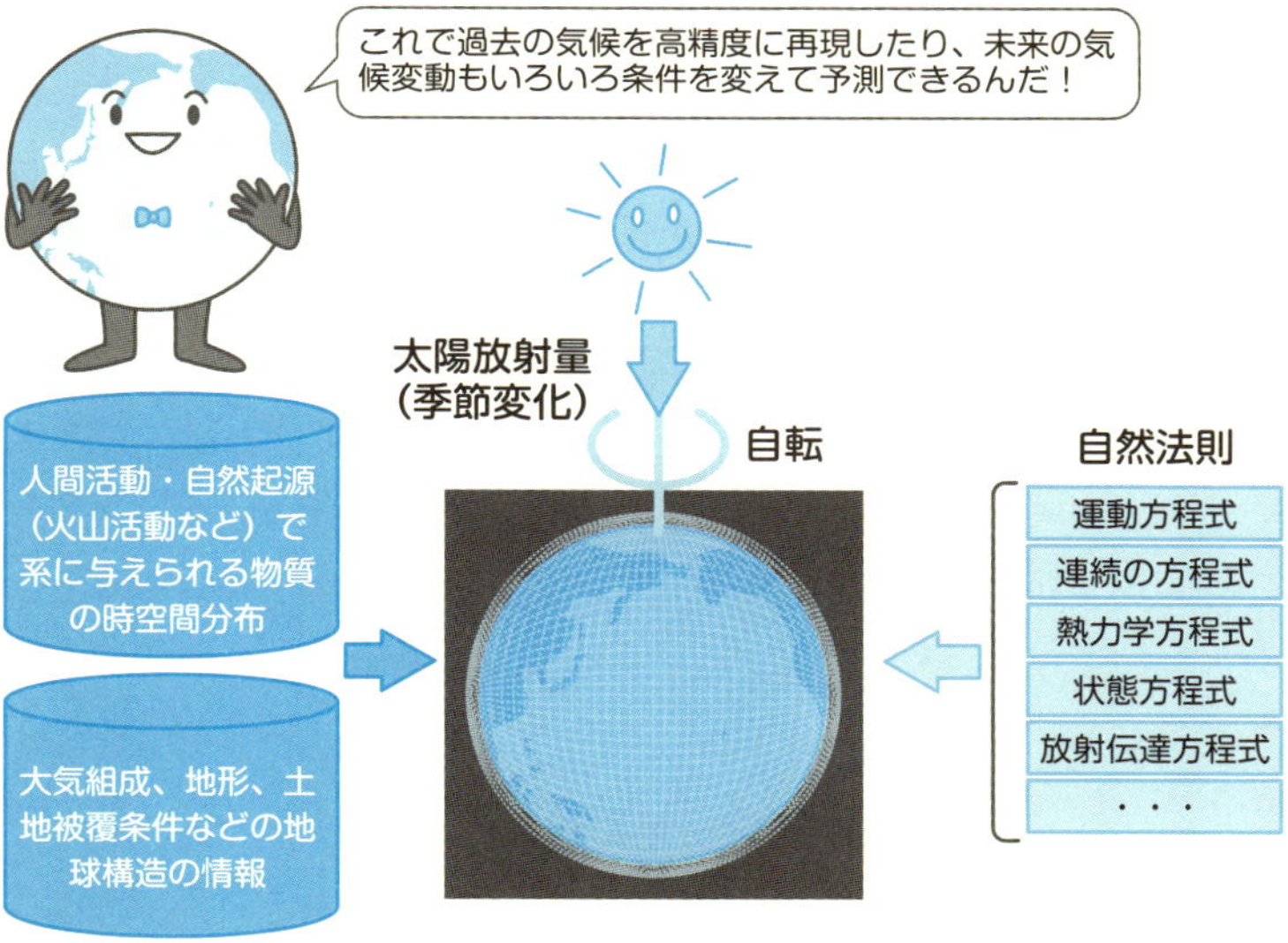

※モデルは適当な初期値から出発して、数十分程度の間隔で計算していく。厳密な自然法則で表せない現象や離散的な時空間格子で表せない現象は、パラメタリゼーションと呼ばれる半経験的な法則によって計算する

＊3　**大気・海洋結合モデル**
大気と海洋およびその間のエネルギーと物質の交換過程が組み込まれており、太陽光が与えられると、両者が相互作用しながら、エルニーニョなどのさまざまな大気と海洋の運動が計算される。実際には陸面も組み込まれている。

＊4　**エアロゾル**
5-6節「大気汚染の影響」を参照。

と地球の自転速度のデータを与えれば、静止した大気と海洋の状態から現在の気候を再現できるのです。また、適切な大陸配置と大気組成のデータを与えれば、過去のどの時点での気候も再現することができます。

このようなモデルで計算された、最近100年間の全球地表面気温の変化を見てみましょう。図5-3は、20世紀の全球平均気温の変化について14個のモデルによる58例の計算結果を観測と比較したものです。近年の変化としては、1940年付近の暖候期と1960年付近の寒冷期、そして1990年代以降の昇温期が、最近の気候モデルによってよく再現されていることがわかります。

この図によると、19世紀末と20世紀末の気温低下は、1902年のサンタ・マリア火山（グァテマラ）の噴火をはじめ、1963年のアグン火山（インドネシア）、1982年のエルチチョン火山（メキシコ）、1991年のピナツボ火山（フィリピン）など、大規模な火山噴火によって成層圏が汚染されたために起こったと考えられます。一方、20世紀前半は、大規模な噴火も比較的少なく、太陽出力も大きかったために、暖かい気候が続いたと考えられます。

そして、1980年以降の温度上昇は、人間活動に起因する温室効果ガスによる温室効果がつくり出しているといえます。なお、これについて観測とモデル計算値を一

図 5-3　数値気候モデルによる最近 100 年間の全球平均気温偏差のシミュレーション（上）および人為起源要因を取り去ったシミュレーション（下）

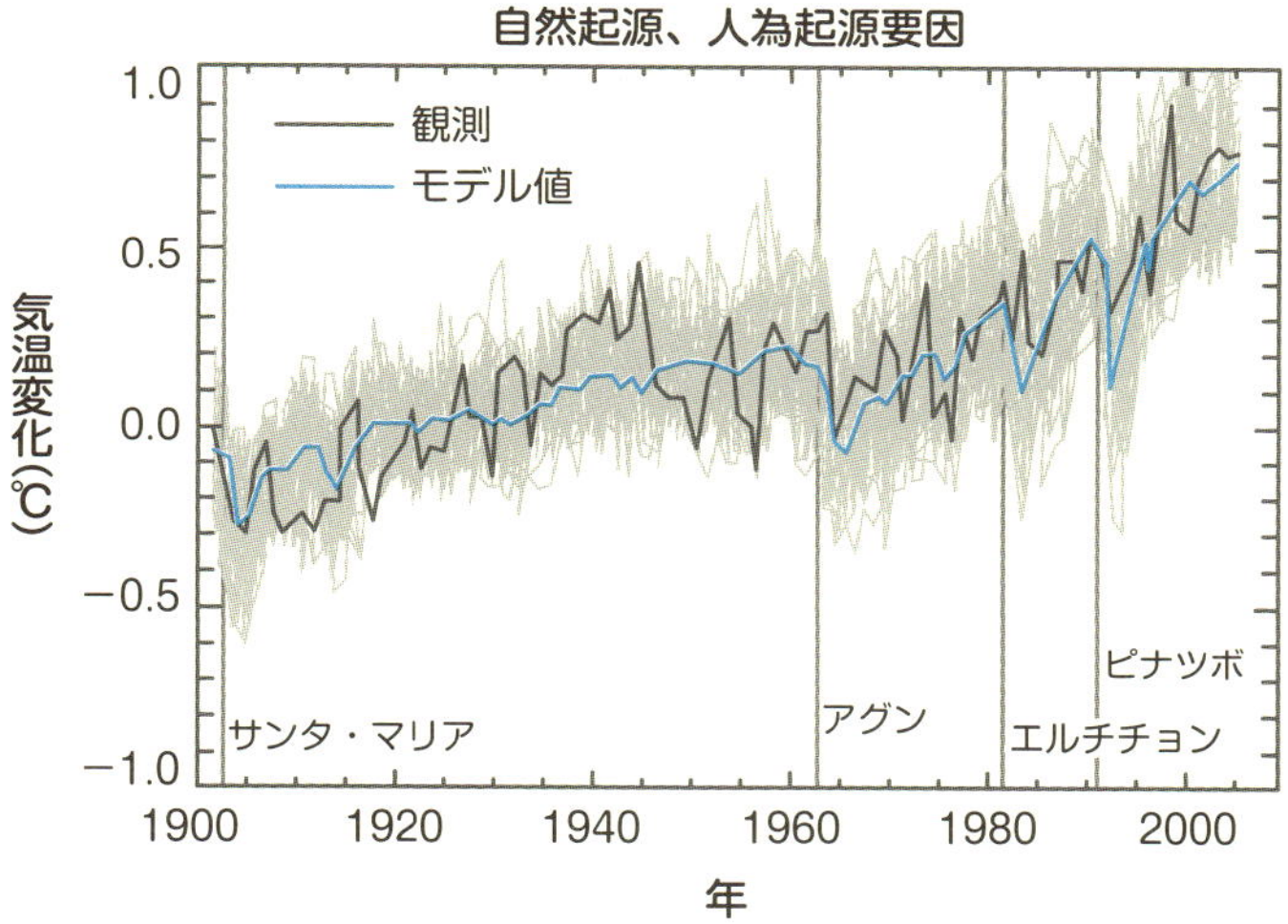

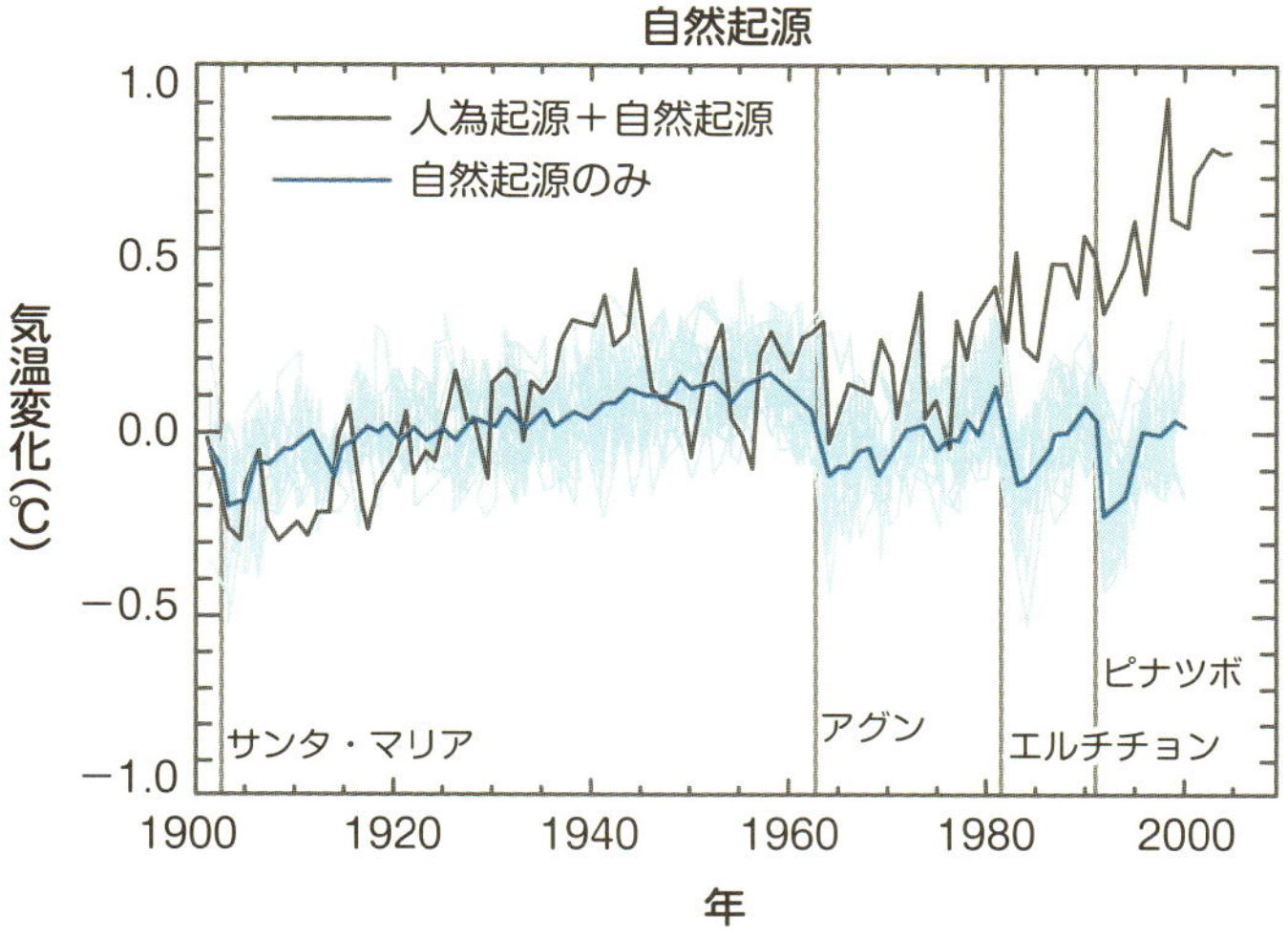

［IPCC 第 4 次評価報告書（2007）より］

※図の背景の線群は、シミュレーションに使用した個々のモデルの値。

致させるためには、人為起源の大気汚染が作り出すエアロゾルによる冷却効果が働いていることも考慮しなければなりません。

ところで、前ページの図5-3を大まかに見たかぎりでは、1920年から続く温暖化が火山活動などで1950年代にいったん中断して、また始まっているように思えますが、実際はそうではありません。1940年代の暖候期は、1980年以降の昇温傾向とは違う原因によるものです。過去百年間の全球平均気温の変化は、主に火山活動、太陽出力の変化、人間起源の温室効果ガスとエアロゾルの排出によって決められているといえますが、その寄与は期間によって異なります。図5-3では、このような計算結果（上のグラフ）と、人間活動による温室効果ガスの増加がなかったと仮定して数値実験を行った結果（下のグラフ）を比較していますが、後者の場合には1980年以降に観測されている顕著な温度上昇は再現できないことがわかります。

このようにして、最近の気温上昇は、人間活動によって引き起こされたものであるという結論が引き出されるのです。

5-3 気候変動と時間スケール

現在の地球の気候状態は、ある特定の物理条件下で成立しています。現在とは大きく異なる条件下で、気候がいかに多様に変化するかを前章までに見てきました。数万年、数十万年、あるいはそれ以上の長い時間スケールでゆっくりと変化が生じるような現象は、私たちが当面解決すべき問題の議論には影響を与えません。一方、遠い過去に起こった出来事だとしても、いったんそれが生じたら数十年から百年の時間スケールで続くような現象は、私たちの生活に直接影響が及ぶ可能性があります。

古気候の研究は、過去・将来の100年程度の時間スケール、あるいは数百年の時間スケールで起こる可能性のある条件が何かを知るために、とても重要です。同時に、時間スケールが異なる現象は、まったく別のものとして冷静に捉える必要があります。

131ページの図5-3に示した現在の気候シミュレーションは、このように変化の時間スケールが長い現象は一定のものとして扱い、短い時間スケールの現象はきちんと時間変化を扱うなど、さまざまな条件を可能な限り考慮してつくられています。それでは、現代の地球温暖化問題において考えられている重要な気候変化の要因とは何でしょうか?

5-4 気候系を駆動する放射強制力

過去100年間の時間スケールでは、これまで本章で見てきたように、さまざまな人為的要素や太陽活動のような自然の要素が、太陽放射と地球放射の変化を通して地球の気候状態を決定しています。それらの要素の変化が気候に対してどれだけの影響力を持つかの尺度として、「放射強制力」というものが使われます。

ここでは、人為起源の二酸化炭素が大気に注入される状況を考えてみましょう（図5-4）。最初は、太陽放射と地球が射出する熱赤外線の量（地球放射、5-1節「近年の気候研究に求められる要件」を参照）がつり合っています。そこに二酸化炭素が注入されると、外向きの（地球から宇宙へ逃げていく）赤外放射は減少しますが、二酸化炭素では太陽放射の収支（入力）はほとんど変化しないので、大気上端で放射エネルギーの不均衡が生じます。この不均衡分を、「放射強制力」と呼びます。このような不均衡が生じると、系としてエネルギー保存則が成り立たなくなるので、最終的には大気上端（厳密には対流圏界面）での放射収支がつり合うように、地球の気候は変化します。したがって、放射強制力は気候系の状態を変える（気候変化を起こす）駆動力であるといえます。

この場合、温室効果による加熱効果を表す放射強制力は、対応する全球平均の地表付近の温度上昇と良い正の関係があることが、理論的考察やさまざまな気候モデルによる数値実験で明らかになってきました。温度変化があまり大きくないかぎり、その比はほぼ一定です。すなわち、放射強制力の大きさと昇温との間に比例関係が見

図 5-4　放射強制力

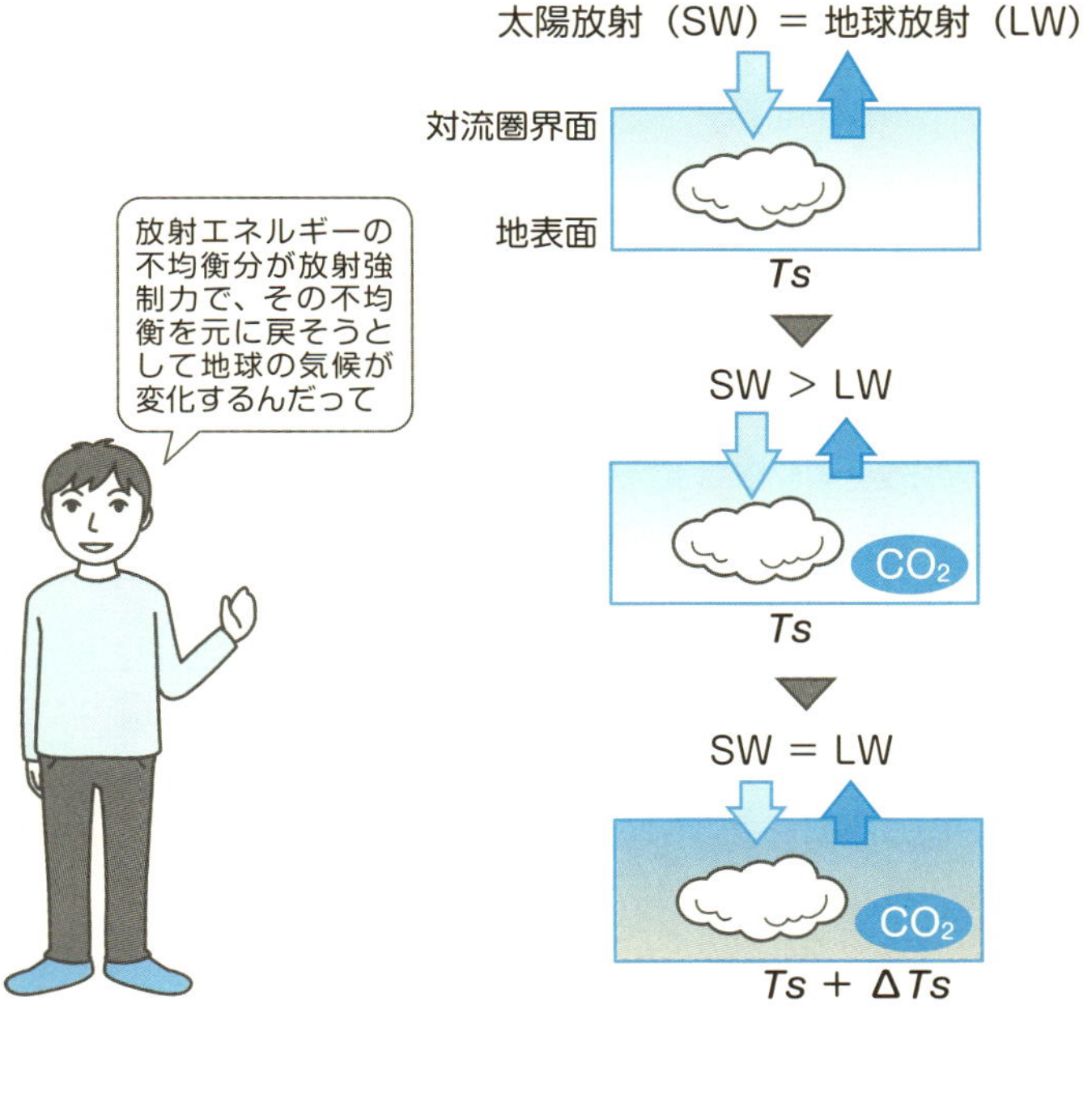

いだされるということです。

十分に長い時間、変動要因が働いた場合の温度上昇（平衡気温上昇と呼びます）の、放射強制力との比を「気候感度パラメーター」といいます。実際の気温上昇は、海の熱容量が大きいためにゆっくりと上昇していくので、それよりも低い温度になります。さまざまな気候モデルを使った数値実験によると、気候感度パラメーターの値は1W/m²当たり0・8℃程度で、数十年に及ぶ温室効果ガスの影響の場合、その6割から7割程度です。

人為起源の温室効果ガスが生み出す放射強制力はかなり正確に評価できており、産業革命以降、2005年までにプラス2・6W/m²となっています。この「プラス（＋）」というのが重要で、地球系に放射エネルギーがこもり、加熱効果が働いていることを意味します。したがって、これだと全球地表面気温がプラス1・8℃上昇しているはずです。しかし、実際の観測値はプラス1・0℃程度しか上昇していないのです。

その原因は何かを理解するために、IPCC第4次評価報告書（AR4）で最新の科学的知見に基づき、各気候変動要素の放射強制力を推定したもの（図5-5）を見てみましょう。報告書で示された放射強制力は、1750年（産業革命以前＝工業化以前の状態）に対する2005年時点での変化の値を記録したもので、単位はワット毎平方メートル（W/m^2）です。

　気候変動を引き起こす放射強制力の要因のうち、一番大きな割合を占めるのは二酸化炭素です。現在の二酸化炭素の大気中濃度は、測定データが比較的多い過去42万年中最大であるとされています。

　そのほかに、メタン（CH_4）や一酸化二窒素（N_2O）、ハロカーボン類の効果も年々大きくなっています。これは、すでに濃度の高い二酸化炭素による地球放射の吸収

図 5-5　IPCC 第 4 次評価報告書による放射強制力の評価

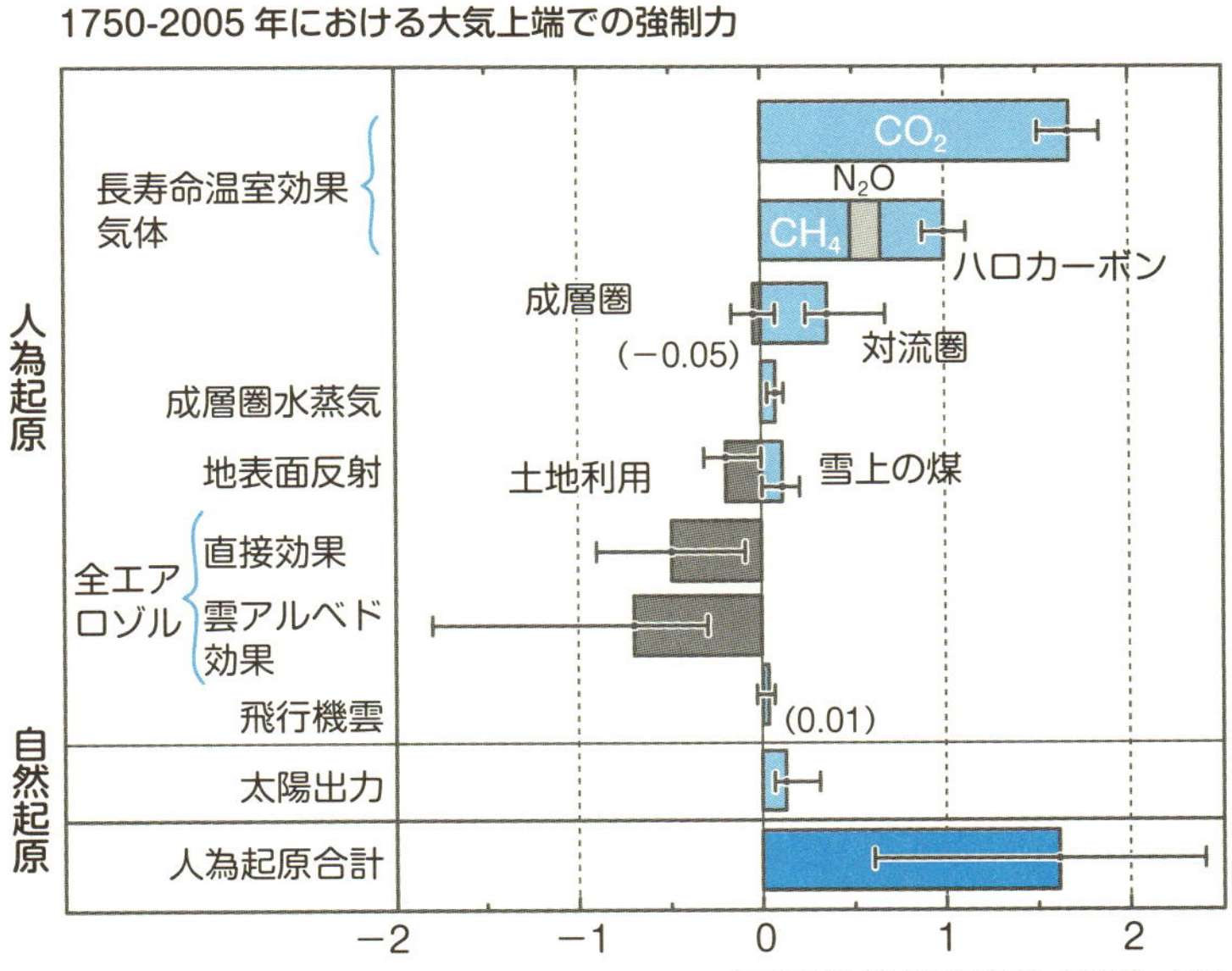

［IPCC 第 4 次評価報告書（2007）より］

はかなり飽和状態にあるためにに非効率であること、また、それぞれの温室効果ガスが持つ温室効果の大きさ（地球温暖化ポテンシャルと呼びます）は、CO_2を1とすれば、100年間ではメタンが25倍、一酸化二窒素が298倍と、増加量に比べて与える影響が格段に違うことによるものです。また、ハロカーボン類では、CFC-12などのガスの種類によって差があり、数十から数万倍もの開きがあります。

オゾンによる放射強制も無視できません。成層圏では人為起源のハロカーボンによるオゾンホール現象でオゾンは減っていますが、対流圏では全球的に進む大気汚染によってオゾンが増加し、オゾンによる温室効果が生じているのです。

これらの温室効果ガスによる放射強制力をすべて足すと、2.6W/m²ほどの正の値になります。ちなみに、二酸化炭素自体の寄与は全体の6割程度なので、温室効果ガスの削減は二酸化炭素だけでなく、すべての温室効果ガスに対して行う必要があるのです。工業活動で作られる新しい物質についても、地球温暖化ポテンシャルの小さなものになるように監視を続けていく必要があります。

一方、大気汚染や森林火災によって粒子として放出された一次エアロゾル（ススなど）や、ガスとして放出されたものが大気中で化学反応を起こして生成される二次エアロゾルの効果も大きいものがあります。その直接気候効果[*5]については、ススによる太陽放射

＊5　**直接気候効果**
5-6節「大気汚染の影響」を参照。

の吸収で生じる加熱効果と、その他のエアロゾルによる太陽放射の散乱で生じる冷却効果（日傘効果）という相反する効果を持ちますが、都合マイナス0・5W/m^2の冷却効果になります。また、雲核[*6]の増加で雲が変化する結果、間接気候効果[*7]によってマイナス0・7W/m^2の負の放射強制力がつくり出されています。このように人為起源のエアロゾルの気候効果は複雑ですが、現在の評価では地球表層を冷却する日傘効果として働いていることがわかっています。

したがって、「温室効果ガスによる温暖化」と「エアロゾルによる寒冷化」の両方を、人間活動は作り出していることになります。結局、エアロゾル効果の合計はマイナス1・2W/m^2となり、温室効果ガスによる温室効果の3割から4割ほどを大気汚染エアロゾルによる日傘効果が相殺しているのです。今のところ、土地利用や砂漠化が進んで地面の反射率が増加することも負の効果です。これらの正と負の効果をすべて考え合わせると、地球には1750年以降、約プラス1・6W/m^2の放射強制がかかっていると評価されます。大まかにいって、その6割にあたる1℃分の上昇は、観測から得られている昇温とつじつまが合います。

このような放射強制力の20世紀における時系列を表したものが次ページの図5-6です。全般に、火山噴火によって成層圏に形成される成層圏エアロゾル（主に硫酸液滴

＊6　雲核
エアロゾル粒子のうち親水性のものは、湿度が100%を超えると水蒸気を吸って雲粒子に成長するので、雲核と呼ばれる。

＊7　間接気候効果
5-6節「大気汚染の影響」を参照。

でできています）の負の放射強制が大きいことがわかります。しかし、成層圏エアロゾルの滞在時間は1~2年程度ですから、平衡状態に達するには時間が短すぎるため、平衡気温変化よりもずっと小さな気温低下しか起こりません。火山が存在する緯度や規模にもよりますが、そのような放射強制が長い間続いた場合に起こる温度変化の1割から2割ほどです。つまり、マイナス1W/m^{2}の

図 5-6　放射強制力の時系列

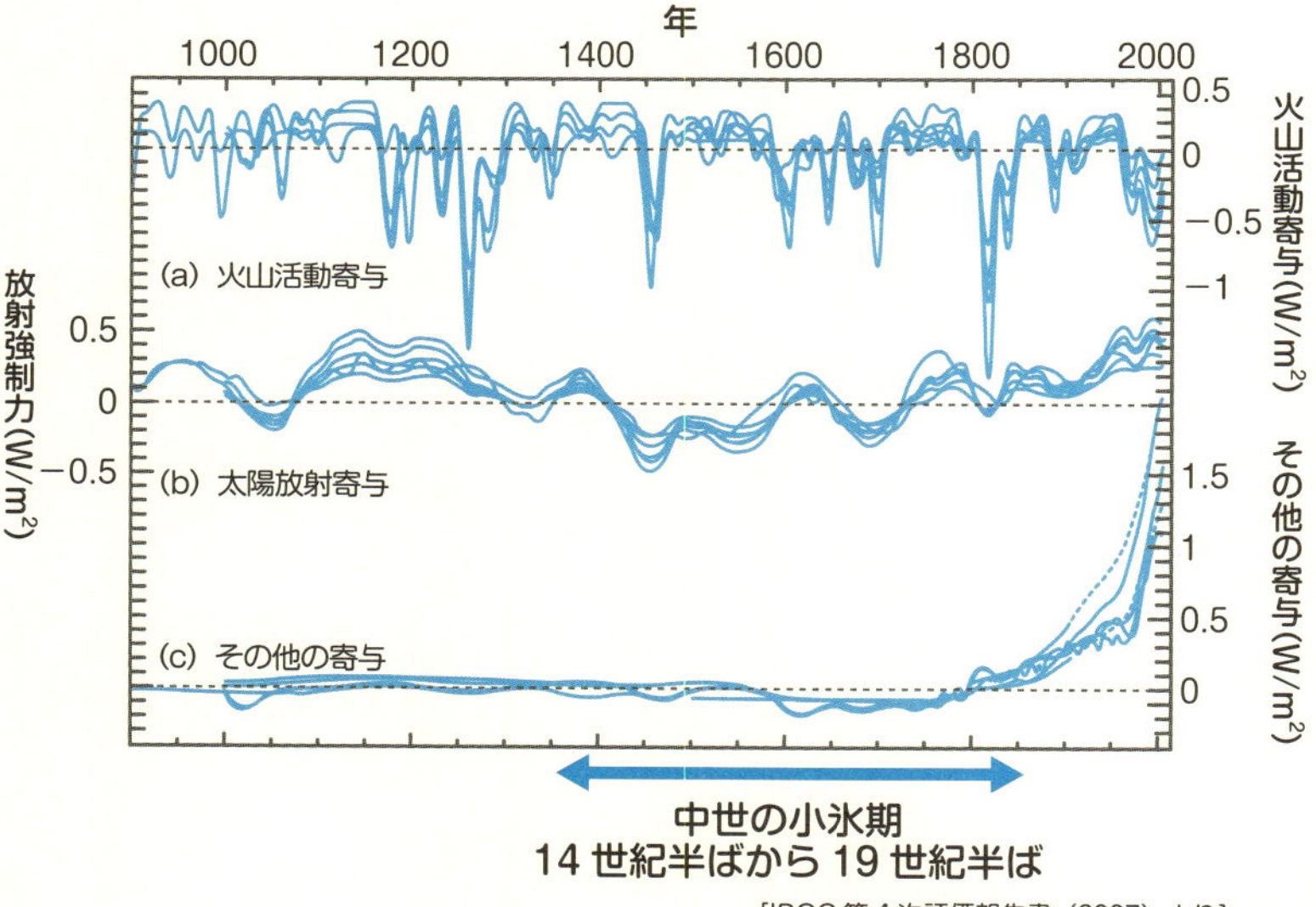

［IPCC 第 4 次評価報告書（2007）より］

※さまざまな評価結果を、1500 年から 1899 年の期間平均からの偏差で示している。

放射強制でも、マイナス0・1℃からマイナス0・2℃くらいの低下にしかなりません。131ページの図5-3の時系列における、大規模な火山噴火に伴って見られる一時的な低温化はこのように説明されます。

しかし、もし大規模な火山噴火が群発すると、気温の低下は大きくなります。マウンダーミニマム（極小期）にあたる中世ヨーロッパの小氷期も、実は太陽出力の低下よりもこのような火山活動によるものではないかとする学説もあり、まだその決着はついていません。

一方、図5-3の1940～60年頃の高温は、成層圏もきわめて清澄で、また、太陽出力が若干、増加気味であったことによると思われます。その後、アグン火山などの噴火による影響から低温化傾向が見られる1980年以降は、人為起源の温室効果ガスによる温室効果がほかの要因を上回るようになり、地表気温の増加が顕著になっています。

気候変動要素が引き起こす放射強制力は、観測データや気候モデルから比較的正確に見積もることができます。しかし、それでもエアロゾルの直接・間接の放射強制力の全球平均値を求めることは非常に難しく、137ページの図5-5に示されている誤差棒（誤差範囲を示すグラフ中の棒）を見てもわかるように、いまだに大きな不確実性があります。したがって、この放射強制力を解消するように起こる気候の変化を評価することは、とても難しいのです。

それでもなお、図5-5および図5-6（140ページ）から、最近の30年間は火山起源エアロゾルや太陽の影響よりも人間活動の影響のほうが大きいことがわかります。

図5-6と、過去1300年の温度変化を示した図4-5（122ページ）を比較すると、温度変化とその原因が理解できると思います。このように1000年くらいを見ると、火山活動、太陽放射、そして人間活動によって気温が変化していることがわかります。

5-5 人間の活動でCO_2の濃度は急上昇した

大気中の二酸化炭素（炭酸ガス）の濃度は、化石燃料の消費、セメントの生産、土地の開発などにより急速に増加しました（次ページの図5-7）。産業革命以前は280ppmという値でしたが、現在（2011年時点）では390ppmにまで増えています。産業革命以前に比べて約40％増加していることになり、氷床コアの分析を通して明らかになった過去65万年間の二酸化炭素の〝自然変動の範囲〟とされる［180〜300ppm］を大幅に上回っています。

メタンの場合は、主に化石燃料の消費、ゴミの埋め立て、稲作・畜産などにより、産業革命以前の0・7ppmから1・9ppmに増加しました。一酸化二窒素も、肥料の使用や工業生産により、同様に0・27ppmから0・32ppmに増えています。なお、この10年間程度はメタンの増加が鈍っており、その将来予測は難しいとされています。

地球環境が人間活動によっても全球的に変化することは、ある意味では私たちにとって大きな驚きです。チャールズ・キーリング＊8が1958年にハワイのマウナロアで最初に二酸化炭素濃度を観測して以来、その増加が続いています。現在60歳前後の世代は、

＊8　チャールズ・キーリング
チャールズ・デービッド・キーリング（1928-2005）。カリフォルニア大学スクリプス海洋研究所教授。1958年からハワイのマウナロア観測所にて大気中の二酸化炭素の精密観測を行い、二酸化炭素の長期的な増加傾向を世界で初めて示した。

図 5-7　温室効果ガスの大気中濃度の時系列（2005 年までのデータ）

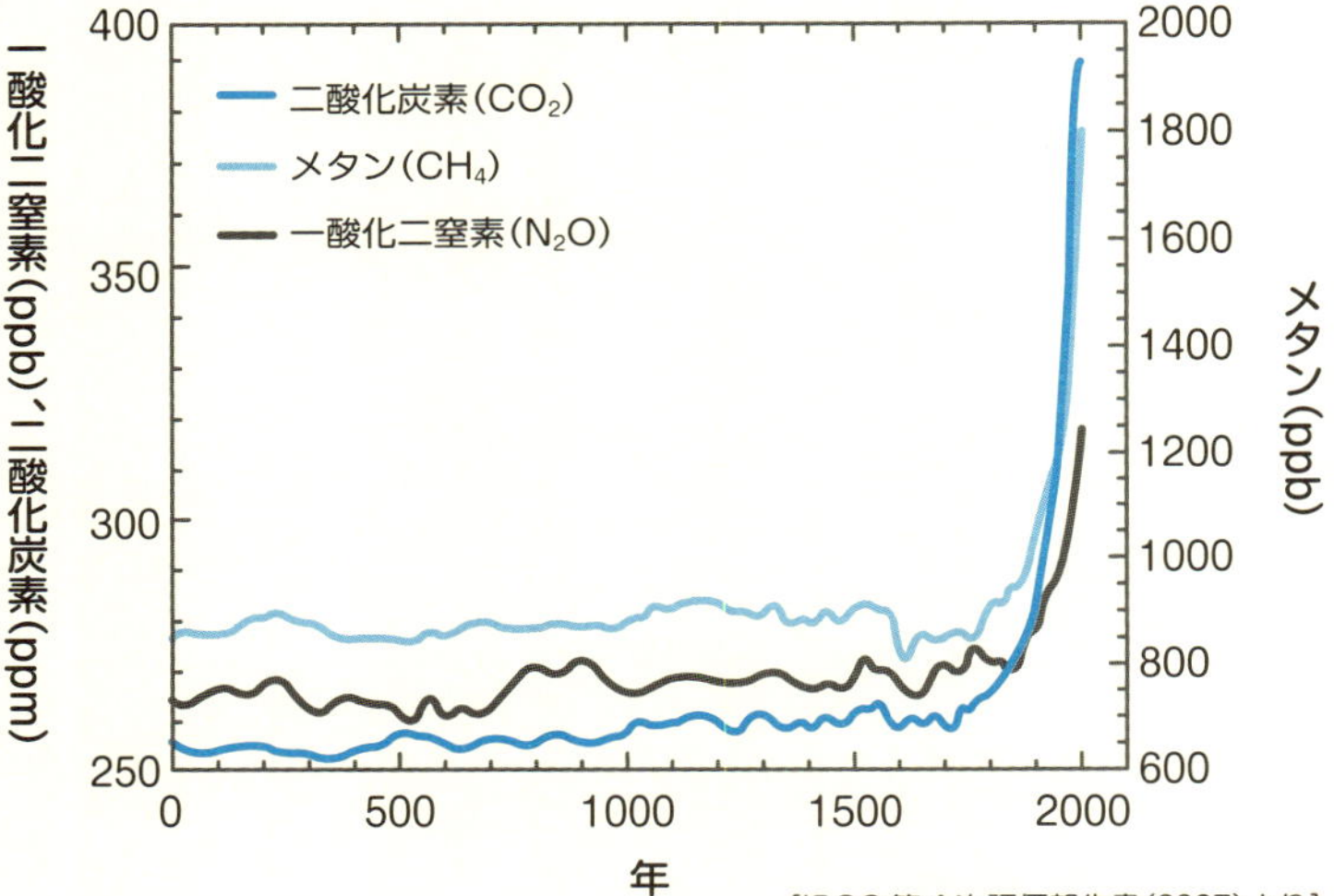

[IPCC 第 4 次評価報告書(2007)より]

学生時代（1974年前後）に二酸化炭素濃度は330ppm、増加率は毎年1ppmと教わったのではないでしょうか？　現在の学生たちは、濃度380ppm、増加率1.9ppmと教わっています。人間が排出する大気汚染物質のひとつである二酸化炭素は、このように人間の短いライフタイムのなかでも大きく増加しています。

現在の二酸化炭素濃度の観測によると、人為起源の二酸化炭素のうち約半分は海洋と陸域に吸収され切れずに大気にとどまるために、その大気中の濃度は増加します。このような増加は、化石燃料の燃焼からの排出などの積算量と、海洋と陸上植物への吸収量の評価の差として、ほぼ説明することができます。燃焼や植物の呼吸・光合成では酸素が使われますが、一方、海洋への吸収ではそのような消費がないので、酸素の変化を測定できれば、二酸化炭素の発生とその行方について重要な手がかりが得られます。

しかし、それには数十万個の酸素から1個の増減を測定する必要があり、非常に難しい仕事となります。これを最初に行ったのは、奇しくもチャールズ・キーリングの息子さんのラルフ・キーリングでした。その結果（次ページの図5-8）を見ると、確かに世界中でモノを燃やしているために二酸化炭素が増加しているのと同時に、酸素が減少していることが明らかです。また、酸素原子や炭素原子の同位体が海洋や陸上植物に吸収・排出される割合はそれぞれ異なるので、その観測からも同様に、人為起

図 5-8　二酸化炭素の増加と酸素の減少

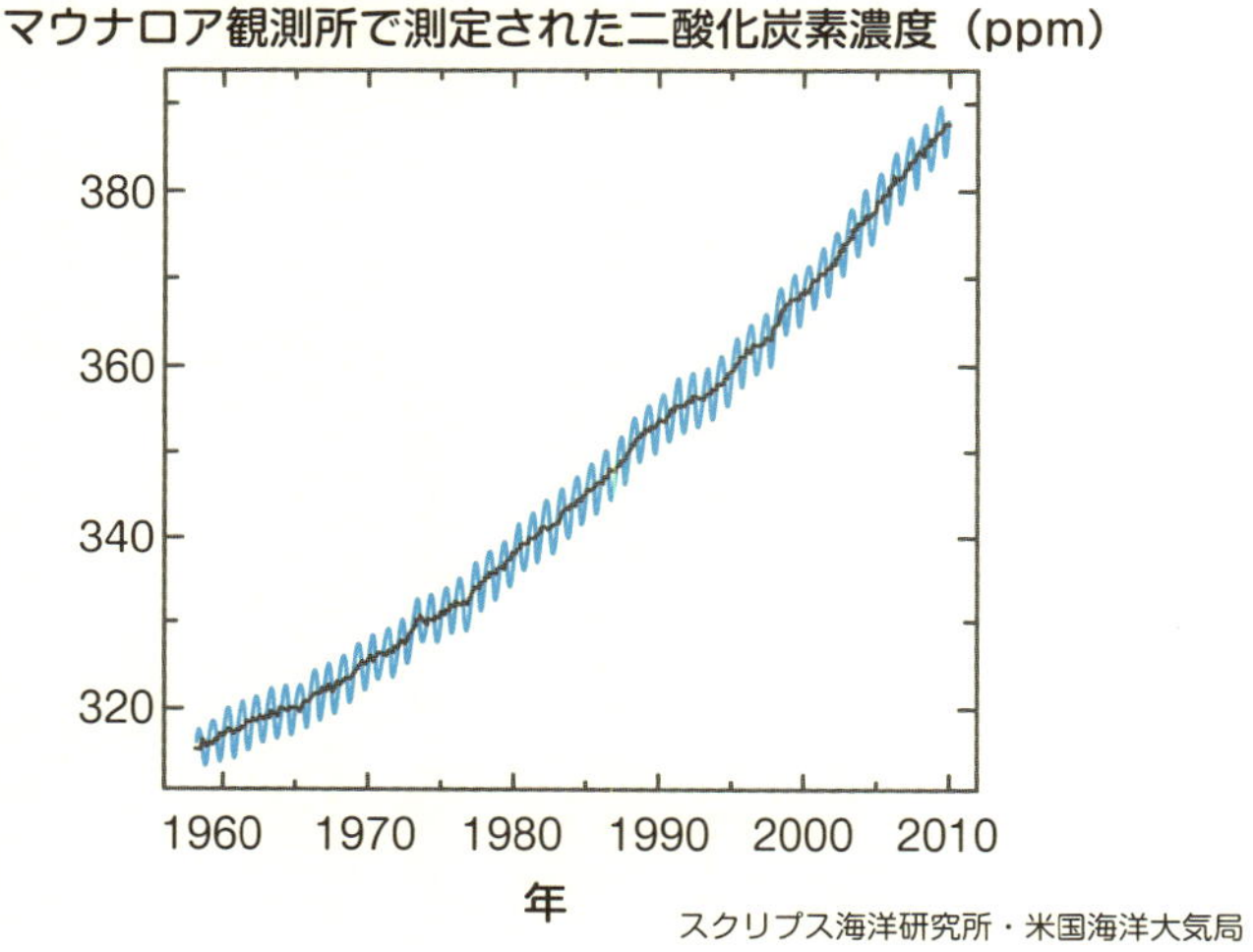

スクリプス海洋研究所・米国海洋大気局

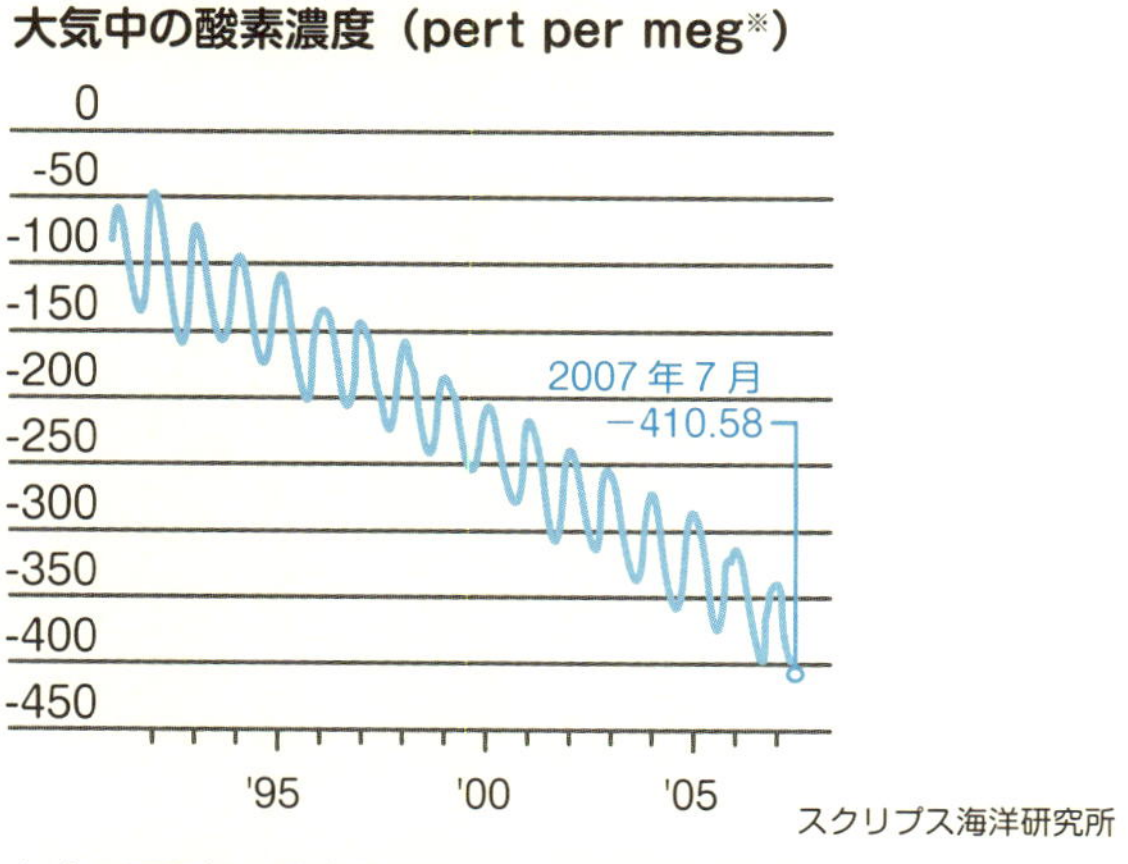

※大気中の百万個の酸素分子あたりの増減した酸素分子数

[Ralph Keeling
http://www.esrl.noaa.gov/gmd/ccgg/trends/#mlo_full（上）
http://legacy.signonsandiego.com/news/science/20080327-9999-1c27curve.html（下）より]

源の二酸化炭素の行方が推測できます。

このような研究によって、今日では、1年間に人間が排出するCO_2のうち、どの程度の割合で海や植物に吸収されるのか、詳しい見積もりが可能になってきました。人間は、化石燃料の消費やその他の人間活動によって年間約90億トンの炭素を二酸化炭素として大気中に排出していることがわかっており、大気中の二酸化炭素濃度の観測も精度よく行われています。それによると、約半分が大気中にとどまって、二酸化炭素の大気濃度増加の原因となっています。残りは、陸域と海洋が約半分ずつを吸収しています。このような研究を通して、最近では、現在あるようなCO_2濃度急上昇の原因が化石燃料の使用や土地開発などの人間活動にあるということを、多くの科学者たちが確実視しています。

5-6 大気汚染の影響

大気中には、地表から飛んだ土壌粒子、海上の飛沫（海塩粒子）、陸上や海洋の植物からのさまざまな有機物質などから、自然環境の中で形成された半径10マイクロメートル（1マイクロメートルは0・001ミリ）以下の細かい大気微粒子が存在し、これを「エアロゾル」と呼びます。世界的に進行する大気汚染によってエアロゾルは増加しており、地球気候の形成に深くかかわっています。

まず、エアロゾルの存在がなければ、雲が形成されません。通常の大気中では、エアロゾルが核となって、そこに水蒸気が吸収され、雲粒ができるからです。これをエアロゾルの「雲核効果」といいます。エアロゾルがない場合には、非常に高圧の水蒸気量が存在しないかぎり雲は生成されません。また、エアロゾルは太陽光線を散乱するため、地球が吸収する太陽放射を減少させる日傘効果も引き起こします。

このように、エアロゾルが太陽光を散乱させたり吸収したりして、太陽放射や地球放射の収支を〝直接〟変える効果を、エアロゾルの「直接気候効果」と呼びます。また、エアロゾルの増減によって雲が変化する結果、放射収支が変化することを、エアロゾルの「間接気候効果」と呼びます（図5-9）。

　137ページの図5-5は、人為起源エアロゾルが引き起こす直接気候効果の放射強制力と、間接気候効果のうち雲アルベド効果の放射強制力を示しました。雲アルベド効果というのは、雲核作用によって小さな雲粒子が多数作られることによって雲の反射率（アルベド）が増加して起こる日傘効果を表します。間接気候効果にはそのほかに、雲の寿命が延びる寿命効果などがあります。当初、大気汚染によって生成される硫酸塩エアロゾルが太陽放射を反射するために、負の直接効果が大きいと思われていました。しかし、エアロゾルにはススが含まれているために、実はその加熱効果によって直接効果がかなり相

図 5-9　エアロゾルの間接気候効果

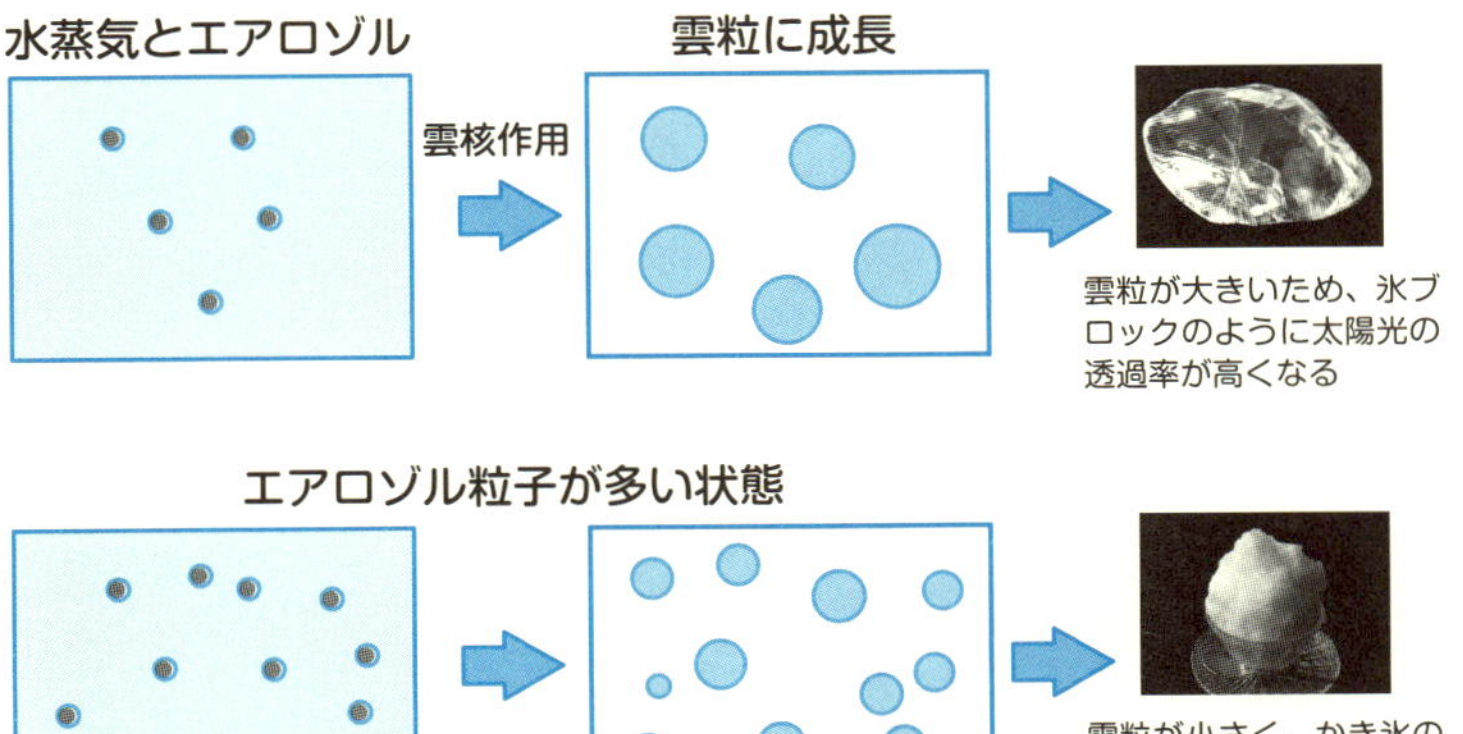
雲粒が小さく、かき氷のようになるため、太陽光の反射率が高くなる

※エアロゾルは、水蒸気を吸収して雲粒に成長する。人為起源エアロゾルが大気中で増加すると、多数の小さな雲粒ができて雲の反射率が増加する雲アルベド効果が起こる。小さな雲粒は、氷ブロックを細かくしたかき氷のように、太陽光をよく反射する。また、雲粒が小さくなるため雨が降らなくなり、雲の寿命が延びる効果も起こる

殺されて、結果的に直接効果はあまり大きくならないことがわかってきました。むしろ、雲を活性化する間接効果のほうが大きいのです。つまり、産業革命以降、大気汚染によって雲が徐々に明るくなり、温室効果を相殺しているということです。

大気汚染で作られるNO_2ガスやエアロゾルは、その短い寿命のために濃度分布も発生源付近で高いので、衛星から比較的容易に観測できます。図5-10を見ると、世界の人口密集地で高い濃度が観測されていることがわかります。また、清澄な海上でも船舶から排出される汚染物質によってエアロゾルの間接効果が起こり、筋状の航跡雲が観測されています。これらの図を見ると、地球がいかに人間活動によって汚染されているかがわかります。

図 5-10　二酸化窒素の全球分布と、エアロゾル層、航跡雲の観測

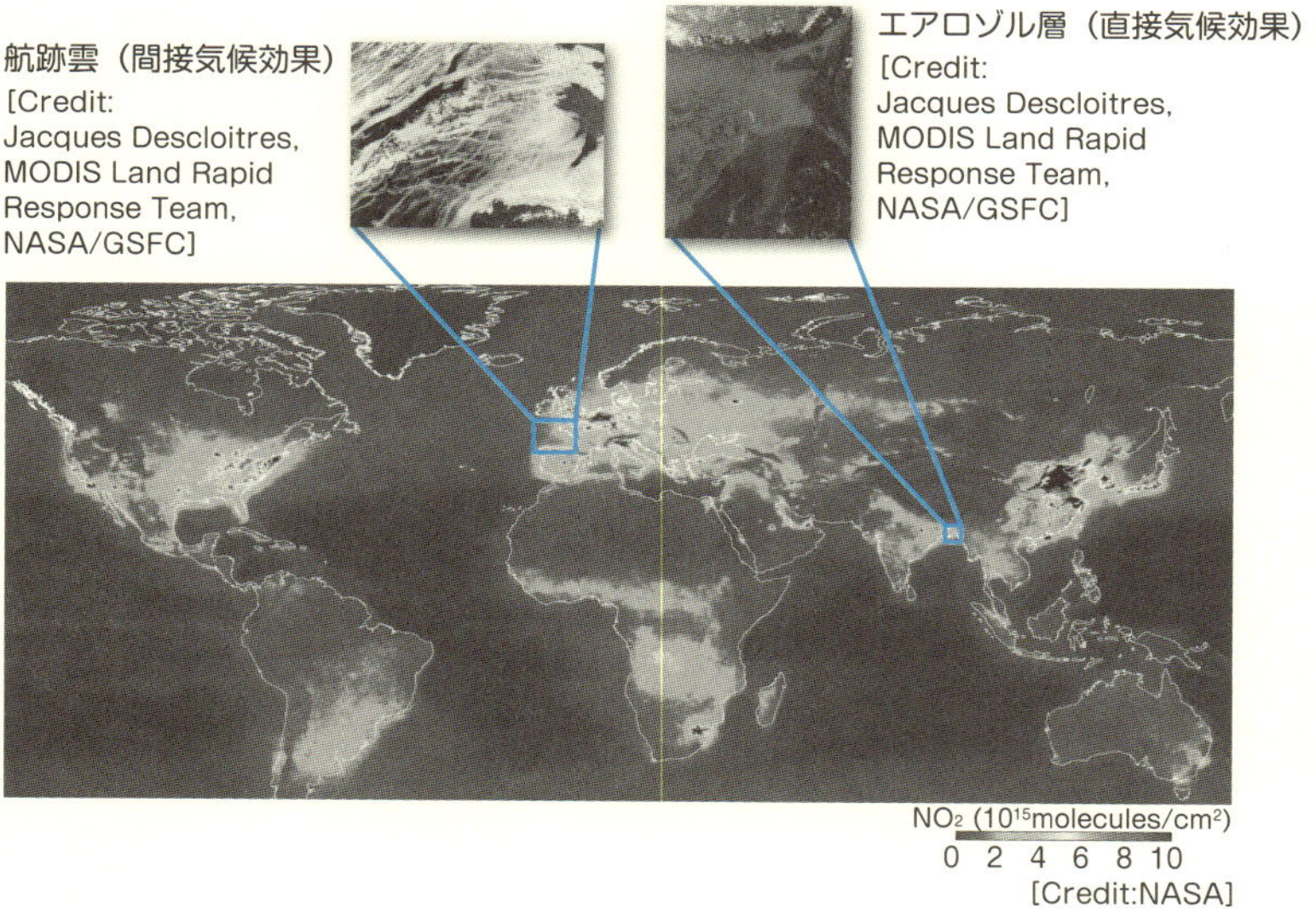

5-7 火山活動の影響

火山噴火が起こると、水蒸気、二酸化炭素、亜硫酸ガス、硫化水素などのガスと、それらから生成されるエアロゾル、火山灰や塵などの固形のエアロゾルが放出されます。比較的大きな固形のエアロゾルはほぼ数週間で地表に落ちてきますが、ガスから生成される小さな二次エアロゾルは落下速度が遅く、1年以上も成層圏にとどまったままです。このような成層圏エアロゾルによって太陽放射は散乱され、その一部は宇宙空間に反射されます。そのため、成層圏エアロゾルの日傘効果は低温化を引き起こすのです。

1991年にフィリピンのピナツボ火山が大噴火を起こしたときは、地球規模で地表温度が下がり、1995年になってようやく回復したことが観測されています。また、1833年にインドネシアのクラカトウ火山が大爆発を起こして島1つがほとんど吹き飛んだときには、大気中のエアロゾルにより、3年ほどは青い月が観測されたという記録が残っています。

最新の気候モデリングでは、過去の主要な火山活動を含めて計算を行っています。過去の地表面気温の時系列における1940年から1980年の間の低温化傾向は、このような火山起源のエアロゾルの効果であることが最新の研究によっても裏づけられているのです。

成層圏エアロゾルはを生み出す火山活動は地殻運動に依存しており、第2章で見たように、火山活動度の変化に伴って数億年スケールで変化している可能性があります

5-8 太陽活動は短周期で変動している

太陽活動が11年周期で変動していることはよく知られています。特に最近の30年間は、人工衛星を用いて精度の高い観測が可能になっています。このような最新のデータによると、太陽放射エネルギーの変動幅は約0・1％程度と非常に小さく、単位面積当たりプラスマイナス0・25ワット程度になります。これは、人為起源の温室効果ガスが過去100年間に引き起こした温室効果の放射強制力（137ページの図5-5参照）の5分の1以下です。また、この程度の短周期変動は、大きな熱容量を持つ海洋の熱慣性効果などのなかに埋もれて、あまりはっきりとは気候変化として現れていません。

より長い時間スケールの太陽活動の変動を調べるには、太陽表面の黒点数の変化が利用されます。黒点とは、太陽の表面に現れたり消えたりする小さな暗い領域（黒い斑点）です。太陽表面は約6000℃ありますが、この斑点は4000℃程度しかなく、黒く見えるためにそう呼ばれます。太陽黒点に関して信頼できるデータは、ガリレオ・ガリレイが望遠鏡で観測を始めた17世紀以降にしか存在しません。太陽活動は黒点数が増加すると増大することが知られていて、この関係から太陽放射の変化が見積もられます。

また、太陽活動の変化は、「太陽風」と呼ばれる太陽から放射されている高温のプラズマの強さの変化と、それによって影響を受ける宇宙線強度の変化を通じて、大気中で生成される「炭素14の生成率の変化」として記録されています。炭素14は炭素の放射性同位体[*9]であり、大気中の窒素14に中性子が吸収されることによって生成され、半減期5730年で崩壊して窒素14に変化します。炭素14は二酸化炭素として植物に取り込まれるので、年輪や堆積物などを調べることによって、過去の太陽活動を3万年以上前までさかのぼって推定することができるのです。ベリリウム10も同じような目的に使われています。

そこで、炭素14やベリリウム10の生成率の時間変化を調べることで、太陽活動の変化がわかることになります。

これらのプロキシデータ（古環境指標）の解析によると、確かに気温の長年変化は太陽放射の変化に影響されていると考えられます。この大きさは、これまでの研究ではだいたいプラスマイナス0・5W/m^{2}ぐらいの放射強制力に対応すると考えられます（122ページの図4-5と140ページの図5-6を比較してみてください）。

特に、太陽黒点がほとんどなかった16世紀の「シュペラー極小期」や17世紀の「マ

＊9　放射性同位体
同位体のうち、構造が不安定なため、時間とともに放射性崩壊していく元素。

ウンダー極小期」を含む14世紀半ばから19世紀半ばまでの期間（図5-6参照）は、北米やヨーロッパでは「小氷期」と呼ばれる寒冷期に対応することが知られています。マイナス0・5W/m^2の変化というのは、気候感度パラメータを0・8とすると、全球平均で0・4℃くらいの地表気温低下に対応します。しかし、ヨーロッパの位置する高緯度では増幅されて、倍程度の気温低下になった可能性があります。さらに、小氷期に関しては、図5-6で示すように火山活動の活発化によって成層圏が汚れたために、その日傘効果で地表面がさらに冷却された可能性があります。

この寒冷な時期の前には太陽放射が大きく暖かい時期があり、大まかに見て、過去1000年間の気温変化は太陽活動に大きく影響を受けているといえます。

太陽活動が気候に及ぼす影響は、放射強制力による直接的な加熱冷却以外にも、いくつかのメカニズムが存在します。そのひとつが紫外線量の変化の影響です。成層圏まで降りそそぐ紫外線は太陽放射エネルギーの数%ですが、太陽活動に伴って大きく変化します。したがって、紫外線は、成層圏を含む上層大気でほぼ全部吸収されるため、成層圏の気温を変えます。その結果起こる成層圏における大気循環の変化を通して、対流圏（特に高緯度）に影響を与えるメカニズムがあります。しかし、この影響は限定的なものであり、相関が正に現われることも、負に現われることもあります。気候変動のペースメーカーの役割を果たしている可能性はありますが、そのシグナルが微弱で十分な検証ができていないのです。

最近、およそ100年ぶりに太陽活動が弱くなっていることが注目されています。11年周期の太陽が静かな時期には黒点がほとんど消えてしまい、太陽磁場の構造も変化しています（図5-11）。年輪とその炭素14を用いた研究によれば、太陽活動が弱くなっていたマウンダー極小期には太陽活動周期が〝14年〟周期と、通常の11年周期よりも長くなっていたことが明らかになっています。現在も太陽活動周期が長くなるような兆候が見られます。

ただし、今のところ太陽放射エネルギー全体は、マウンダー極小期で減ったといわれているほどの減少は見られていません。これは果たして、現在の状況がマウンダー極小期の現象と異なっているのか？　あるいは、そもそも過去の太陽放射の減少量の見積もりが間違っていたのではないか？　など、さまざまな疑問が投げかけられています。今後の太陽活動の変化と気候変化について、より注意深く見守る必要があるでしょう。

図 5-11　最近の静かな太陽

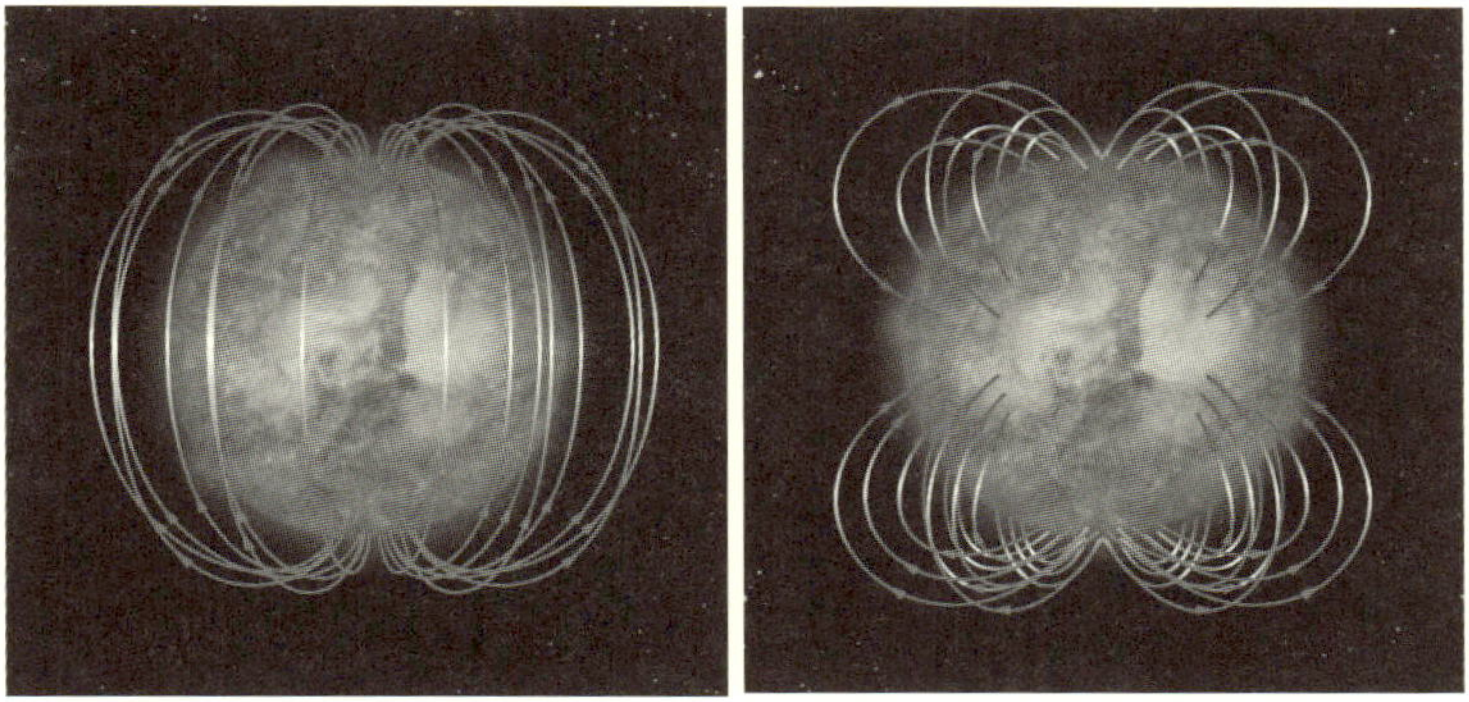

太陽の磁場構造が変化しつつある
（左：通常の磁場は 2 極、右：変化後の 4 重極構造イメージ）

〔国立天文台ひのでプロジェクト プレスリリース、国立天文台 /JAXA　提供
http://hinode.nao.ac.jp/news/120419PressRelease/ より〕

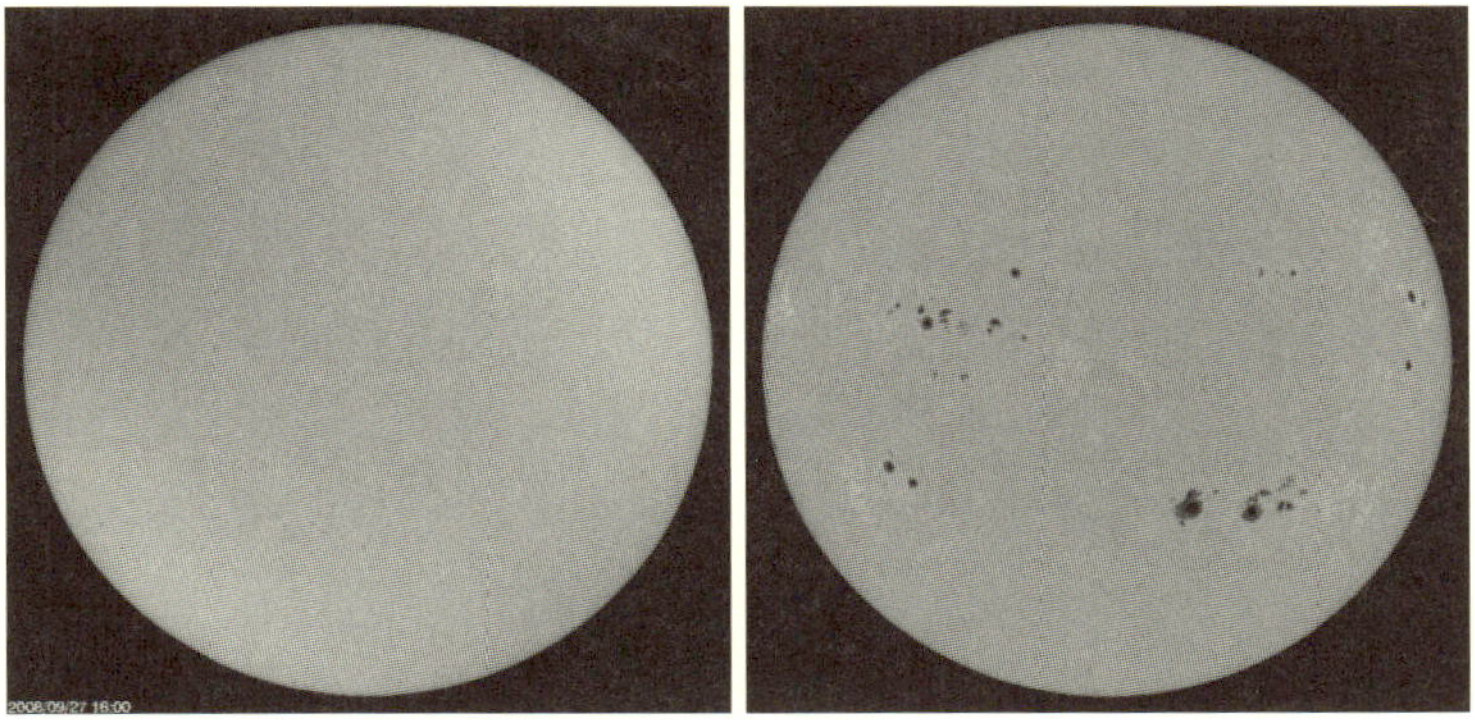

太陽の黒点比較（左：2008 年、右：2001 年）

〔Credit:ESA/NASA Solar and Heliospheric Observatory (SOHO)
NASA「Spotless Sun: Blankest Year of the Space Age」
http://www.nasa.gov/topics/solarsystem/features/spotless_sun_prt.htm より〕

5-9

銀河宇宙線説

太陽活動と気候変動の関係におけるもうひとつの可能性は、銀河系から飛来する高エネルギーの宇宙線（銀河宇宙線）に関するものです。銀河宇宙線は、陽子や電子などの荷電粒子であり、その高いエネルギーにより成層圏から対流圏にまで侵入します。これが大気中の粒子と相互作用して、高エネルギーの2次粒子を発生させます。そして、この2次粒子が雲核となり、十分に水蒸気がある場合には雲粒子にまで成長します。これによって、雲が形成される可能性が高いと考えられているのです。

太陽磁気圏、太陽風、地球の磁気圏は、銀河宇宙線に対する遮蔽効果があります。しかし、太陽活動が低下すると、太陽系内に侵入する宇宙線量、さらには大気圏に侵入する宇宙線量が増加します。すなわち、宇宙線量は、太陽活動と地球磁場の変動に強く影響を受けるということです。実際に、宇宙線量の変化は太陽活動の11年周期に強い影響を受けていることが衛星観測によってわかっています。

そのような銀河宇宙線量の増加は、「雲量の増加を引き起こす」とする学説がありま す。この学説によれば、太陽活動が弱まると宇宙線が増えて雲の量が増加し、日傘効果によって地球は寒冷化するというのです。
銀河宇宙線強度の変化を、人工衛星から得られた低層雲の雲量変化と比較したものを図5-12に示します。増減のタイミングが一致している時期も、そうでない時期もあり、因果関係があるかどうかはもう少し検証が必要です。人間活動による温暖化説と異なり、これらの観測データを再現するためには、銀河宇宙線が雲核を作り、それが雲粒子を作る過程を理論的にモデル化しなければなりませんが、いまだに信頼度の高いモデルがありません。

図 5-12　銀河宇宙線強度の変化と人工衛星から観測された低層雲量変化の時系列

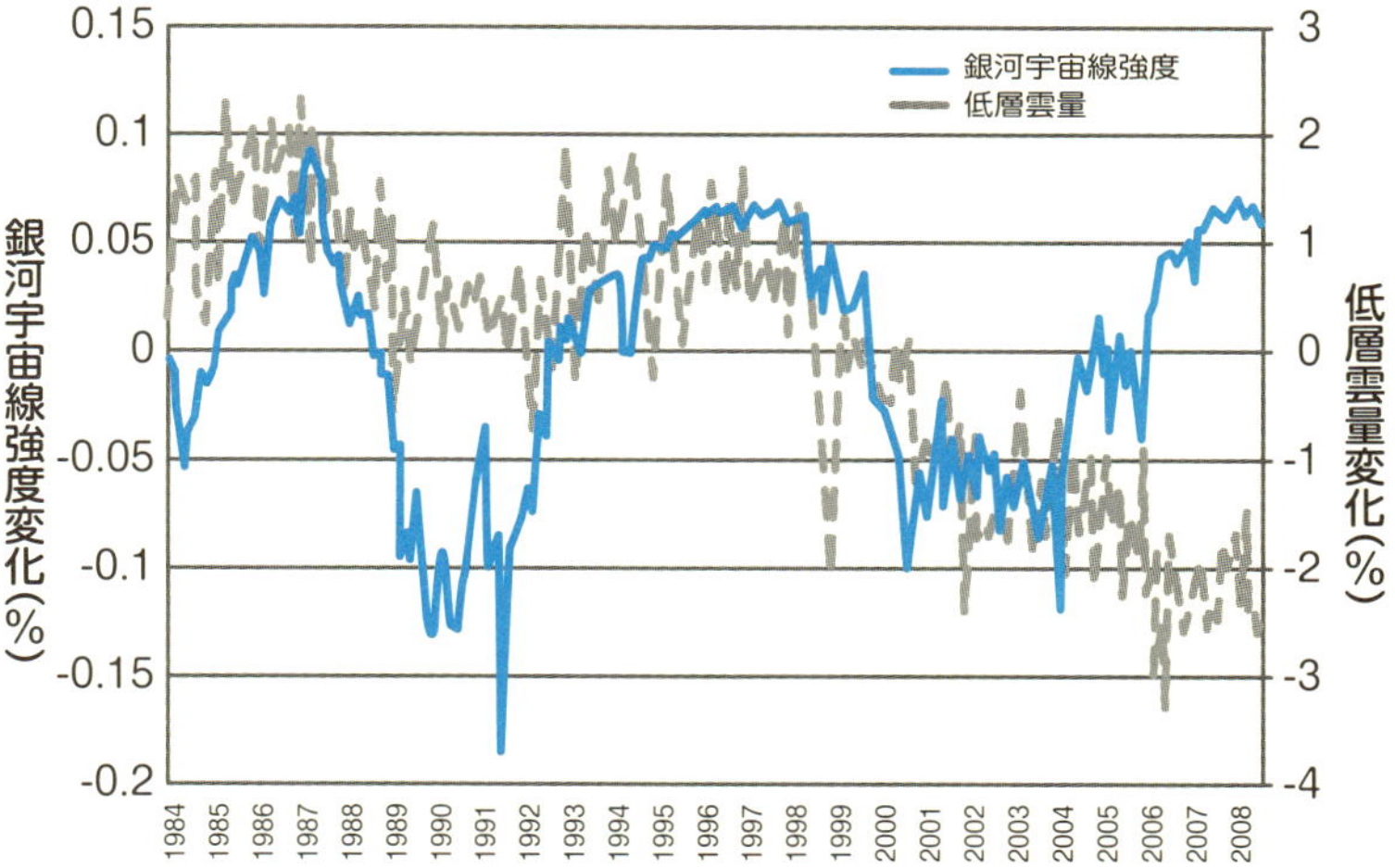

[Agee et al.(J. Climate, 2012)より]

さらに、「雲核の競合作用」という観点からも、その妥当性を検討する必要があります。清澄な大気でも、人間活動や火山活動によって生成されるエアロゾルおよび海塩エアロゾルが1ccあたり100個程度は存在するので、これがまず水蒸気を奪ってしまうと考えられます。このため、それらよりもずっと小さな荷電粒子で生成されたイオン核が水蒸気を獲得できる可能性は低く、だいたいは雲粒子に成長する前につぶれてしまう可能性が高いでしょう。最近は高緯度域も大気汚染が激しく、銀河宇宙線による影響はあったとしても小さいのではないかと考えられます。

もちろん、非常に清澄な大気や上層大気では、イオン核が十分機能する条件を見いだすことはできますが、衛星観測による高層雲量と銀河宇宙線量の相関は低いのです。仮に、銀河宇宙線によって上層雲がより多く作られたとしても、上層雲は日傘効果と同時に温室効果も引き起こすため、効率良く地球を冷やすことは難しいと考えられます。

第6章

21世紀の気候予測と次世代気候モデル

6-1 21世紀の気候予測

前章までに見てきた地球気候の変遷を、図6-1にまとめました。これを見ると、さまざまなメカニズムによって気候が変化してきたことがわかります。将来の気候変動の予測においても、これらのメカニズムのいくつかが重要になってきます。

図6-2は、さまざまな国際グループが行った温暖化のシミュレーション結果をIPCCがまとめたものです。見てのとおり、温暖化があまり起こらないとする結果から、気温が大きく上昇する結果までさまざまなタイプがあり、21世紀の終わりまでの予測で、気温の上昇は1・1〜6・4℃という広い範囲に分かれています。これはシミュレーションに使うモデルによって予測結果に差が生じているということですが、なぜこのような大きなモデル依存性が起こるのでしょうか？　その主な理由としては、「外部データの不完全さ」、「モデルの不完全さ」、そして「非線形不安定性の問題」の3つがあります。

モデルを動かすには、地形のような明らかな外部データのほか、太陽出力、主要な温室効果ガスやさまざまな大気汚染物質の排出、火山噴出物などについて、年々変動を与えなければなりません。その不確実性によって結果も変わってきます。しかし、未

図 6-1　全球規模の気候変動現象の変遷

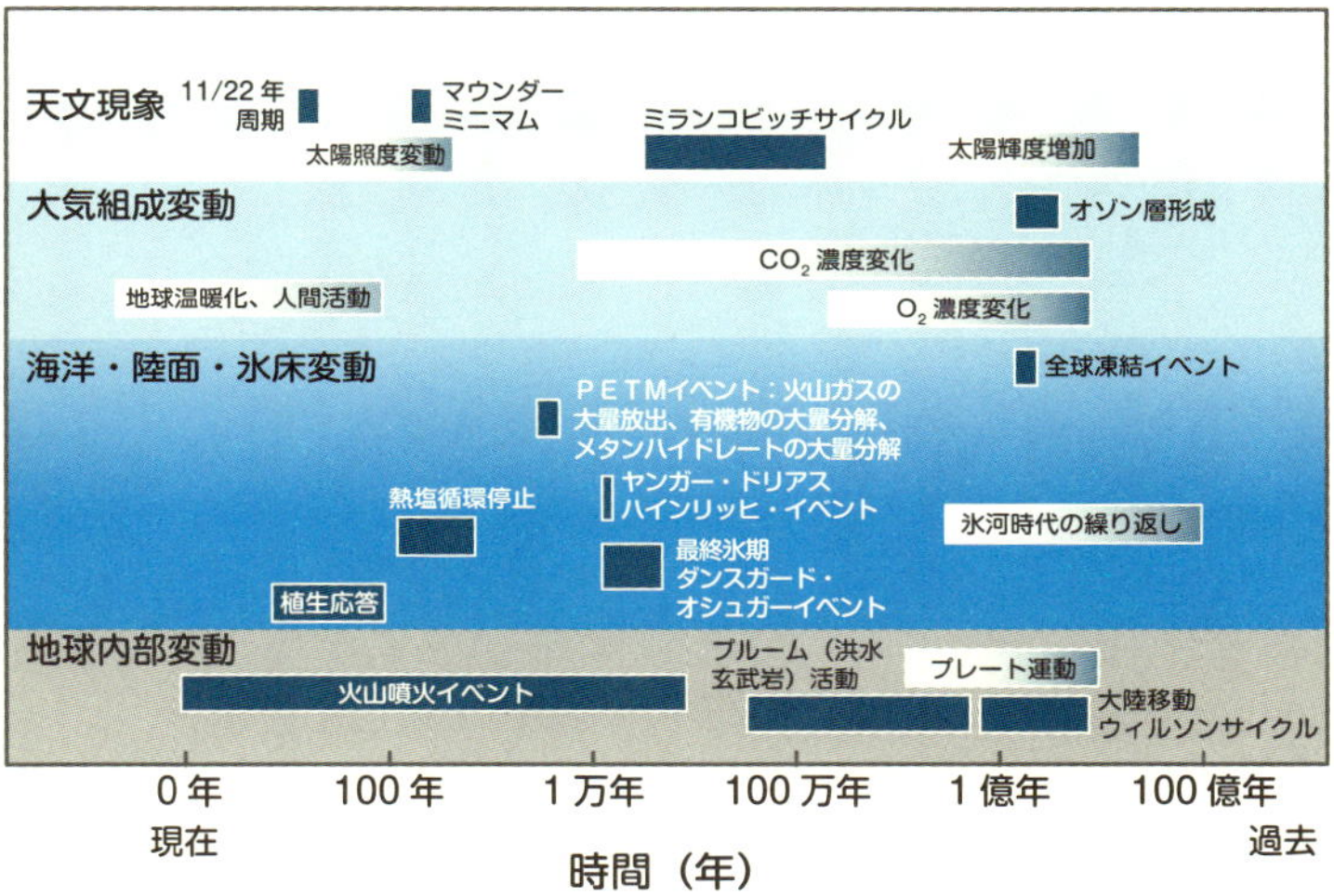

※横棒の長さはイベントの時間スケールを表す

図 6-2　21 世紀の全球地表面気温の変化予測（排出シナリオによる違い）

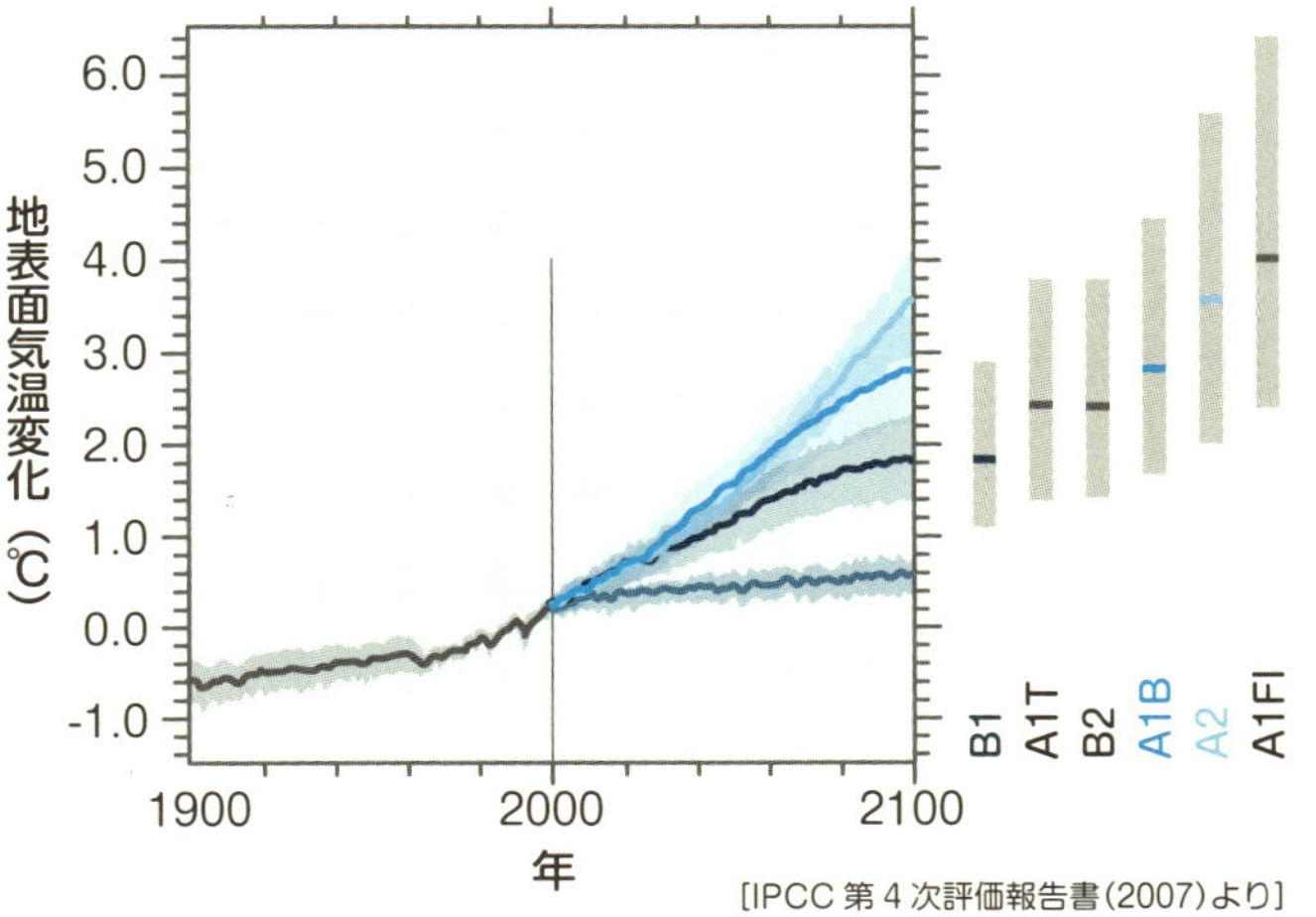

［IPCC 第 4 次評価報告書（2007）より］

※右側の縦棒は、21 世紀末での予測値のモデルについて、排出シナリオ（B1、A1B、A2 など）ごとのばらつきの幅を示す。

来の計算については、そのような外部データが既知ではありません。

たとえば、未来の気候予測では、人間活動によってどれくらいの温室効果ガスやエアロゾルが排出されるかについては未知ですから、「将来シナリオ」をいくつか用意して、予測計算が行われます。このようなシナリオは、将来の技術革新や社会発展に左右される要素が大きく、その予測は非常に困難です。そのため、IPCCでは社会発展パターンを分析して、さまざまな排出シナリオを用意しています。

図 6-3　さまざまな二酸化炭素排出シナリオ

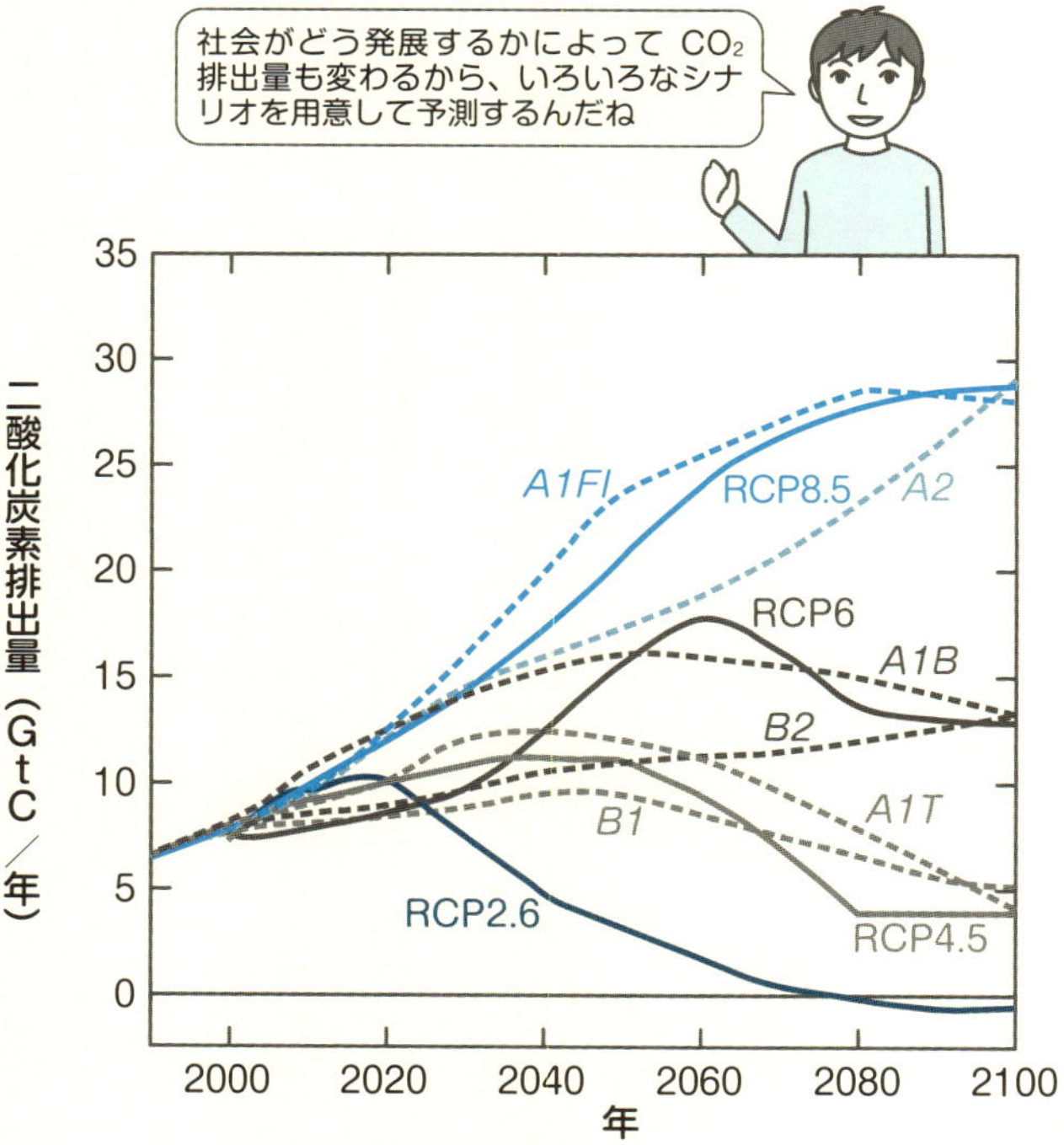

※RCP シナリオおよび SRES シナリオ（B1、B2、A1、A2 など）を示す。

図6-3に、そうしたシナリオを示します。

この図にあるSRESシナリオ（B1、B2、A1、A2など）は、IPCCが2007年に発表した第4次評価報告書で主に使われたシナリオです。またRCPシナリオは、2013年に発表される予定の第5次報告書で主に使われるシナリオです。SRESは1990年、RCPは2000年から始まっており、すでにこの10年間で排出量のスタートラインが違っていることがわかります。

このように温暖化予測は、現状がどのように進行しているかのモニタリングと表裏一体で行っていかなければならず、排出シナリオの点検と更新は重要です。163ページの図6-2のシナリオに見られる温度変化予測幅の約半分は、そうした排出シナリオの不確実性に起因するものです。11年周期以外の太陽出力や火山活動についても未知の計算なので、予測の不確実性が発生します。

気候モデル自体の不完全さもモデル依存性を高めます。仮に、ある排出シナリオ（たとえばA1Bシナリオ）を選んで同じ温室効果ガスの排出量の時間変動を与えても、モデルの応答、たとえば地表面気温の上昇は同じにはなりません。世界中の気候モデルが示す気候感度パラメーター（5-4節参照）は、モデルによって2倍くらい異なっています。163ページの図6-2では、このばらつきを21世紀末の予測幅で示しています。

コンピュータの性能から、数百年間の地球気候を計算できるモデルの格子サイズは20キロメートルから100キロメートル程度ですが、これだと対流現象や雲などの格子サイズより小さなスケールの重要な現象を第一原理[*1]で表現するのは困難です。そのために「パラメタリゼーション」と呼ばれる気候モデリング独特の手法が使われます。すなわち、格子内の現象や複雑で第一原理で表現できない現象を、格子変数によって半経験的な法則で表現するのです。このようなパラメタリゼーションは、観測事実、理論的考察、より分解能の高いモデルによる計算結果などの知識によって、格子上の変数と格子内の変数を半経験的に結びつけています。しかし、第一原理が存在するわけではないので、同じ現象に対して異なったパラメタリゼーションアルゴリズムが世界中で作られています。そのために、同一の外部データを与えても、生じる気候系の変化は、採用されたパラメタリゼーションによって異なることになります。特に難しいのが、雲、降雨、大気や海洋の乱流混合、海氷、大陸氷床、大気化学反応などのモデリングです。さらには、植生と気候との相互作用のような、いまだに素過程が明らかでないものもあります。

それでは、モデルと外部データが完璧であれば、将来予測ができるのでしょうか？

答えは「イエス・アンド・ノー」です。地球流体の運動を記述するナビエストークス

＊1　**第一原理**
ニュートンの力学法則、統計力学、熱力学、化学反応の法則など、物理学や化学などの基本法則。

方程式は[*2]、長い時間にわたって解いていくと、式に含まれる非線形性のために、初期値にちょっとした誤差が含まれても、それがどんどん拡大する性質があります。問題は、時間積分のための初期条件にどんなに小さな誤差を与えても、ある時間が経つと、毎回異なった予測値が得られることです。このことは、1-6節のローレンツの蝶のところで説明しました。そもそも現実の世界では、まったく誤差を含まない初期状態を与えることは不可能ですから、ナビエストークス方程式を現時点から長い時間の経った状態まで計算して正確な予測を行うことは、「原理的に」不可能なのです。天気予報が100%当たることも、「原理的に」ありえないのです。

では、どれくらいの時間までならば、許される誤差範囲で予測できるかという問題を「予測限界の問題」と呼びます。天気予報でよく聞かれる「明日の天気が晴れの確率は30%」というのは、この予測限界を考慮した予報です。すなわち、今日の初期値（観測された温度、湿度、風向・風速など）を与えるときに、考えられる観測誤差をランダムに与えて、天気予報モデルを100回、次の日の状況まで計算機で走らせたときに、30回は晴れになる確率であることを意味します。実際に、気象庁はこのような複数回の数値シミュレーションによって、天気予報を行っています。気候予測の問題でも同様です。この場合、数十年先の天気の状態は、気候モデルを何回か走らせた平均値を

＊2　ナビエストークス方程式
流体の各点における速度場の時間発展を表す流体力学の運動方程式。速度場に対して非線形の構造を持っている。

いいます。気候予測では、数十年先の毎日の天気を当てるのではなく、そのような平均的な状態を予測するのです。

このようなモデル不確実性があるにもかかわらず、現在のような温室効果ガスの大きな増加に反して、「地球気候が寒冷化する」という計算結果は出てきません。ある幅を持った予測といっても、異なる排出シナリオによる異なる気候変化を区別することができるというのが、現在の気候モデル実験からの経験です。想定外の現象が起こらないかぎり、想定された変化にかかわる物理・化学法則の大部分が現在のモデルには組み込まれており、その想定内では寒冷化は「物理的に」あり得ないのです。もちろん、太陽出力が極端に減少したり、火山の大噴火が数十年にわたって頻繁に起こるような、現在の地球温暖化予測シナリオには想定されていない外因が発生した場合はまた話が変わります。そのためにも、太陽放射や火山活動、大気組成の状態などを常にモニタリングする必要があるのです。

ここで、コンピュータシミュレーションによる21世紀末における地表気温変化の全球分布結果（図6-4）を見てみましょう。大きな特徴として、内陸部と高緯度地方では気温が4℃以上高くなっていることがわかります。これは、アイス・アルベド・フィードバックや熱容量の小さな陸地の存在のためです。一方、赤道付近では、熱容量の大きな海の存在と、非常に活発な対流現象によって生じる雲や上昇流によって一種のシールド効果が働いており、気温の上昇が抑えられています。また、中国付近は大気汚染物質による日傘効果（5-4節参照）によって、比較的温度上昇が緩慢で、大気汚染の激しい場所では低温傾向も見られます。

21世紀の後半になると、A1BシナリオやA2シナリオ（164ページの図6-3参照）の場合、極域では10℃を超えると予測され、夏季になれば雪や海氷は大部分が溶けてしまいます。また永久凍土や山岳氷河も溶け始めます。した

図6-4　2090年-2099年の期間の全球平均地表面気温の変化（SRES-A1Bシナリオによる）

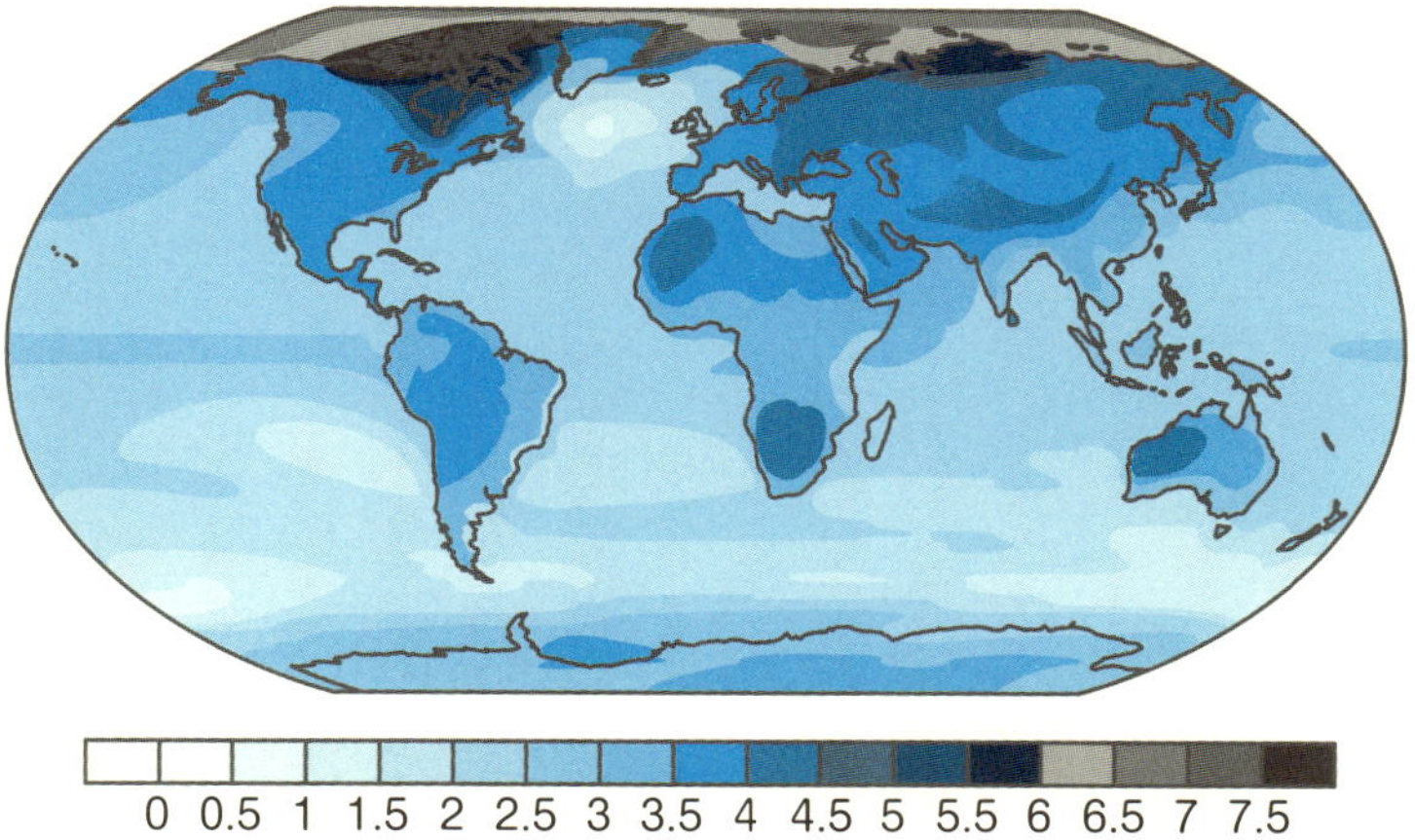

［IPCC第4次評価報告書（2007）より］

がって、全球平均気温の増加の背後には、高緯度における数倍の気温上昇が含まれていることを認識しなければなりません。

このように、このまま二酸化炭素が増加し続ければ、世界の気候は大きな影響を受けることになるのです。その結果、植生や生態系に大きな打撃を与えることが報告されています。このなかには、水の問題があります。温暖化した大気はより多くの水蒸気を保持することができるために、集中豪雨や洪水の発生増加も予測されています。このような降雨にかかわる現象は湿潤な空気が上昇する対流域（低気圧域）で発生しますが、大量の雨を降らした空気はカラカラに乾燥し、下降気流に変わります。このような下降流域（高気圧域）は、温暖化による高温によって現在よりもさらに乾燥します。詳細な計算によると、洪水が頻発すると予測される地域は、同時に渇水域とも一致しやすいのです。

また、海洋の酸性化などのように、人為起源の二酸化炭素は生物にとって大事な海洋環境まで変えようとしてます。

6-2 増え続ける二酸化炭素

これまで見てきたように、地球史のなかで二酸化炭素やメタンの濃度が大きく変わることは珍しくありませんでしたが、近年の地球温暖化現象における問題は、その〝速度〟です。このまま人為起源の温室効果ガスが増えれば、著しい気温の増加が引き起こされると予想できます。これが人類への警告であることは、1980年代から研究者によって指摘され、気候変動枠組条約[＊3]などの国際枠組みができたにもかかわらず、144ページの図5-7に示したような温室効果ガスの増加は一向に止まる気配が見られません。

産業革命以降、化石燃料の燃焼や、森林伐採などによる土地利用の変化、航空機の発達に伴う排気など、人為起源による大気組成の変化が起こっています。化石燃料を消費することによる二酸化炭素（CO_2）の人為的増加のほか、メタン（CH_4）、一酸化二窒素（N_2O）、オゾン（O_3）、ハロカーボン（フロン類、あるいはCFC：塩素・フッ素を含まない炭素化合物）などの微量成分も最近の数十年で急速に変化しています。

それでは、どこまで行くと地球環境は危険域に達するのでしょうか？　163ページの図6-2で使われているモデルによる予測計算幅で、仮に二酸化炭素換算500p

＊3　**気候変動枠組条約**
地球温暖化問題に対する国際的な枠組みを設定した条約。1992年のリオ・デ・ジャネイロで開かれた、環境と開発に関する国際連合会議で採択され、1994年に発効。2003年段階で187か国および欧州共同体（EC）が締結している。

ｐｍのレベルで濃度の増加が止まるとすれば、産業革命以降の全球地表面気温の上昇は２～４℃の上昇で止まります。８００ｐｐｍで止まれば、３～７℃の上昇になります。こうした温度上昇がもたらすメリットとデメリットについては非常に多くの影響評価があるので他書に譲ることにして、ここでは、ＩＰＣＣの評価などによると「産業革命以降プラス２℃の温度上昇を許してしまうと、社会と経済、生態系のダメージのほうが温暖化のメリットを上回る」と評価されていることのみを指摘しておきます。

ところで、温暖化の影響評価について、ヒマラヤ氷河が２０３５年までに消失するという明らかに不適切な記述が、ＩＰＣＣ第４次報告書にあったことが最近発覚しました。本来、ＩＰＣＣでは、このような問題を防ぐために、評価に使用する知見については厳しい審査基準が設けられています。それにもかかわらず、このような問題が生じてしまったことは非常に残念です。今後は審査基準の遵守や、評価書の公開審査やピアレビューをより厳密に行う必要があります。

しかし、ここまで述べてきたように、人間は気候変動の理解についても誤りを犯しやすいことを多くの科学者は肝に銘じており、可能なかぎりの検証の努力が行われています。したがって、ＩＰＣＣの評価結果が１００％正しいとはいえませんが、その主要な結論が変わることはないといってよいでしょう。

6-3 応答する生物圏

これまでも、大気中の二酸化炭素濃度を測定することによって、毎年大気中に残存している人為起源の二酸化炭素の量はわかっていましたが、残りの部分がどこに行ったのかについては諸説があって明らかではありませんでした。この謎は、「ミッシングシンクの問題」と呼ばれていました。やがて、陸域植生による吸収の重要性が指摘されるようになり、最近の大気中酸素濃度の減少量や同位体比の測定から、海洋と陸域植生によって残りの二酸化炭素はほぼ半分ずつ吸収されていることが明らかになりました。

しかし、二酸化炭素の増加とともに今後これらの配分がどう変わるのか、海洋や陸域植生による吸収量が増えるのか、減るのかについては、大きな不確実性があります。これまでの推定結果では、21世紀中は二酸化炭素濃度の増加による陸域植生の二酸化炭素の吸収（施肥効果）が、温暖化に伴う土壌有機物の腐敗の進行などによる二酸化炭素の放出を上回るために、温暖化を抑制する方向に働くのではないかと考えられています。しかし、施肥効果は二酸化炭素量だけではなく、肥料としての窒素が必要であり、最近の研究によると、その欠乏が将来起こるために、施肥効果はそれほど大きくならないことが指摘され始めました。これらのまだモデルで十分考慮されていないプロセスがあるため、モデルの改良が必要であり、その見積もりには大きな不確実性が伴っているのが現状です。いずれにしても、陸域での腐敗の進行や、温暖化と海洋酸性化による二酸化炭素の吸収効率低下のため、陸上植生と海洋ががんばって肩代わりしてくれるとしても、将来的に人為起源の二酸化炭素の半分以上を陸と海が吸収することはなさそうです。やはり人為起源の温室効果ガスが地球温暖化現象の主役であることは変わらないと考えられます（図6-5）。大気中の二酸化炭素濃度と、海の物理化学的状態や海洋生物との相互作用は、古気候変動の中にも多く登場します（2-2節、2-3節、4-3節参照）。

図 6-5　植物の活動と大気中の二酸化炭素濃度の増減

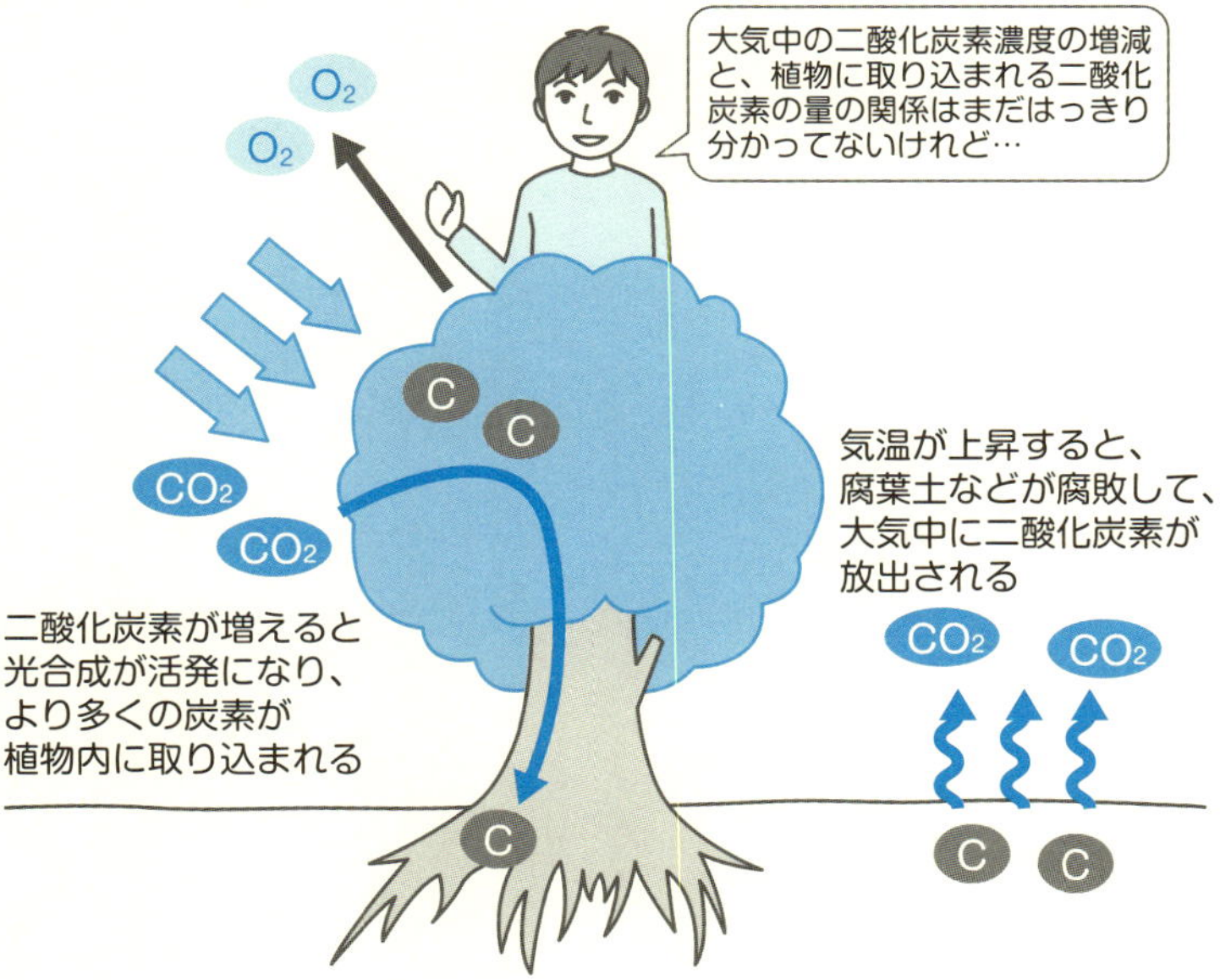

大気中の二酸化炭素濃度の増減と、植物に取り込まれる二酸化炭素の量の関係はまだはっきり分かってないけれど…
O_2
O_2
CO_2
CO_2
C
C
C
二酸化炭素が増えると光合成が活発になり、より多くの炭素が植物内に取り込まれる
気温が上昇すると、腐葉土などが腐敗して、大気中に二酸化炭素が放出される
CO_2
CO_2
C
C

6-4 急激な温室効果ガスの放出を引き起こす永久凍土の融解

もっとも深刻な温暖化が起きると予測されている地域は、北半球の高緯度地方です。温暖化によって北極海やグリーンランド氷床が解け出すことにより、太陽光の反射率が下がり、海がさらに温められるという正のフィードバックが起きるからです。そのとき、シベリアのツンドラなど永久凍土にはどのような影響が出るのでしょうか？　観測結果からは、北半球の高緯度地方では気温の上昇により、シベリアやアラスカなど北極圏をも含むツンドラや、その南に位置するタイガ（針葉樹林帯）に広く分布している永久凍土の融解がすでに始まっていると考えられます。

タイガの場合は針葉樹林などの樹木が気温上昇の緩衝地帯となり、地表面温度の上昇は抑えられているものの、温暖化と乾燥化のために森林火災が多発しています。そのために、火災で焼けたあとの裸地では地表面温度が上昇し、さらに永久凍土層を融解させる正のフィードバックが形成されます。このような永久凍土の融解で懸念されるのが、そこに閉じ込められているメタンの放出です。そのうえ、大量の植物体も埋もれているので、それらが分解すると多量の二酸化炭素も放出され始めることになります。

そのため、永久凍土の融解は地球温暖化をさらに加速させる要因となる可能性があるのです。現在の評価では生物圏の応答よりも小さいことになっていますが、不確実性は非常に大きいといえます。

6-5 極端気象現象の変化

これまでの気象の観測的研究によると、1970年以降、熱帯地域や亜熱帯地域において、より厳しく、より長期間の干ばつが観測された地域が拡大しました。また、北大西洋の熱帯低気圧の強度が増加しました。その他の地域でも、熱帯低気圧の活動度の増強が示されていますが、人工衛星による観測開始前のデータの品質に大きな懸念があり、確実なことは言えません。熱帯低気圧の年間発生数には明確な傾向が見られません。

これらの傾向が温暖化現象によって起こっているのかどうかについては、より注意深く見ていく必要があります。

気候モデルを使った将来予測によると、今後熱帯性低気圧の数は減りますが、瞬間最大風速が50m/sを超えるような大型のものが出現すると思われます。しかし、まだはっきりとしたことはわかりません。

特にこれらの現象に強くかかわっている雲システムの変化の理解にはまだ大きな不確実性があり、これから大きくクローズアップされる研究分野です（6-9節参照）。格子間隔が数キロメートルという次世代のモデルによって、私たちが目にしているような空に浮かんだ雲をリアルに再現できる日も、そこまで迫っています。そのあかつきには、台風が温暖化でどのようになっていくかなど、重要な現象の理解が進みます。

6-6

【熱塩循環＝海洋大循環】の停止

海の水の流れは、非常に大きな海洋大循環を形成しています。それらは温度や塩分のコントラストに伴って流れているので、「熱塩循環」と呼ばれています。

太平洋やインド洋の暖かい表層水は、西向きに流れて南アフリカを回り、メキシコ湾を通り抜け、大西洋をグリーンランドまで北上します。南方の海から流れてきた表層水は、もともと塩分が高く、グリーンランド沖までやってくるとさらに冷やされて比重が重くなるため、沈み込んでいきます。沈み込んだ水は深層水になり、大西洋を南下して太平洋を経て、インド洋に還ってくるのです。

ここで危惧されるのは、グリーンランド沖の温暖化により表層水が冷やされにくくなり、沈み込んでいく速度が落ちていくことです。さらに、北極海やグリーンランドの氷が解けて大量の淡水が流れ込むと、海水の塩分は薄まっていきます。その結果、海水の比重が軽くなり、それもまた沈み込む速度を落としていく可能性があります。IPCC第4次評価報告書では、「大西洋の海洋大循環は、21世紀末までに25％前後弱まる可能性があり、海洋の生態系などを変化させる可能性がある」と結論しています。

大西洋北部と南極海で沈み込む海水の量は1秒間に約40メガトンで、海洋大循環の周期はだいたい1500〜2000年程度ではないかといわれています。この全球規模の熱塩循環によって、巨大な熱の極向き輸送が行われています。とりわけ北西ヨーロッパでは、北大西洋の北向きの暖流によって10℃に及ぶ熱輸送が行われています。この海洋大循環は、赤道付近の熱を高緯度地域に運んでいるわけで、世界の気候にとって重要な役割を果たしています。仮に海洋大循環が停止すれば、アフリカの低緯度地域はさらに温暖化が進み、逆にヨーロッパは極端に寒冷化するなど、破局的な大変動が起きるという予測もなされています。

とりわけ北大西洋での熱塩循環は、気温や水循環の変化に影響を受けやすいとされ、地球温暖化の進行次第では、氷河や氷床の融解によって河川からの淡水の流入が増えたり、高緯度での降雨量の増加により、塩分が減少しやすくなると見られます。もしそうなれば、過去に起こったと考えられているような、海水の比重が減り、沈み込みが弱くなり、ついには停止するという現象が生じるかもしれません（4-6節参照）。ただし、最新の予測によれば、海洋大循環が今世紀中に停止する可能性は低いと見られています。

6-7 北極域の雪氷の融解

現在のグリーンランド氷床と、次節で説明する南極氷床は、仮に融解すれば海面水位を約70メートル上昇させるのに十分な水を蓄えているとされます。それらの体積がほんのわずかだけ変化したとしても、重大な影響を与えることが予想されます。グリーンランド上で予測される気温は、これまでの気候モデルによる実験から、一般に全球平均地上温度より1・2～3倍高くなることが知られています。中程度の安定化シナリオ（22世紀はじめに等価二酸化炭素濃度で650ppm程度）と標準的な気候モデルを用いた場合でも、22世紀の早い時期に温室効果ガス濃度が安定した段階で、グリーンランドでは気温が5℃以上上昇します。そのため、この状態が1000年間程度続くとすると、グリーンランド氷床は約3メートル海面を上昇させ、仮に8℃上昇すれば、約6メートル上昇させるだろうと予測されています。これにさらに海水の熱膨張による海面高度の上昇（50㎝～2m）が加わります。このように1000年スケールの時間では、温室効果ガス濃度を安定化させただけでは、深刻な海面上昇が起こる可能性があります。つまるところ氷床は、気候の温暖化に反応し続け、人為起源温室効果ガス濃度が安定したのちも数千年にわたって海面上昇の一因となり続けるだろうと考えられています。

現在、北極海の海氷は減少していますが、衛星観測による近年の海氷面積の減少速度は、気候モデルの平均的な傾向よりも早くなりつつあるように見えます（図6-6）。海氷面積の経年変動は非常に大きいので、これについてはもう少し様子を見る必要があります。2006年から2007年にかけての大きな減少傾向が起こったときには非常に心配されたのですが、その後、持ち直しました。

図 6-6　北極域の海氷面積（Sea ice extent）の時系列

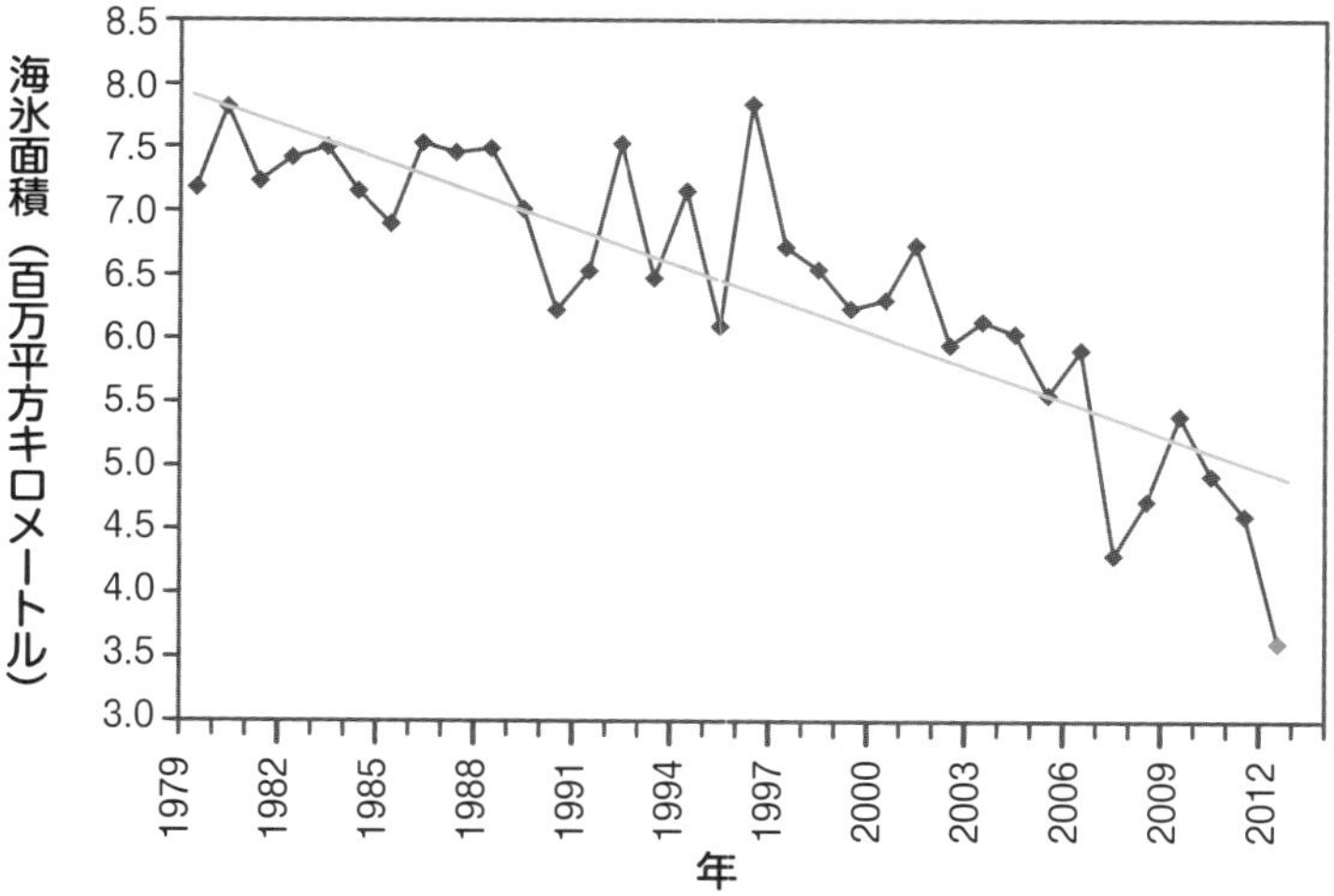

※図中の直線は傾向を示す回帰曲線。

［米国雪氷データセンターより］

6-8 不可逆的な海面上昇を引き起こす西部南極氷床

前節で議論したような中程度の安定化シナリオの場合、南極氷床に水分がより多く供給されて氷床が成長すると考えられています。しかし、21世紀末までに等価な二酸化炭素濃度で1000ppmを超える高い安定化シナリオや感度の大きな気候モデルを使った場合、濃度が安定した後に南極氷床の融解が顕著になり、海面上昇に寄与し始めます。特に、西南極氷床が全部溶けてしまえば5mほどの海面上昇が起こります。ただし、この予測結果は気候変化のシナリオや氷床力学その他の要因についてのモデルの仮定によって、大きく左右されます。きわめて簡単な氷床の流出モデルによれば、温度が10℃以上上がれば、氷床の表面上で正味の質量損失地域が広がっていくことが予測されます。いったん氷床の縁が表面から解けて後退し始めれば、西南極氷床の地盤はほとんど海面下にあるために、氷床底に水が流れ込み、結果として不可逆的な崩壊が始まる可能性があります。そのような崩壊には、少なくとも数千年はかかるだろうとされていますが、まだわからないことが多く研究が必要です。

6-9 次世代の気候モデル

現在の気候モデルは、計算機の進歩にも支えられて、さまざまな改良が行われています（図6-7）。その1つのトレンドは「モデルの高解像度化」です。IPCCの第1次〜第4次評価報告書を見ると、地球モデルの解像度は年々向上してきており、水平解像度についてのグリッドの一辺は、1990年時点では250キロメートルから500キロメートルでしたが、2007年には50キロメートルから100キロメートルになっています。グリッドの大きさが500キロメートル以下になって初めて高気圧や低気圧を分解できるようになり、この時点で気象予報の精度が画期的に上がりました。そして、グリッドの大きさが100キロメートルくらいになって、日本付近の梅雨前線や熱帯低気圧のような、高低気圧の細かい構造が再現できるようになりました。現在では、数百年にわたる領域ごとの気候がわかるようになってきたのです。格子サイズが20キロメートルクラスの気候計算も開始されました。

しかし、このような高分解能気候モデルでも、雲にかかわるモデリングは十分ではありません。これは、そもそも雲スケールが数キロメートルという変動の激しい現象であるにもかかわらず、高く薄い雲は顕著な温室効果、低層の雲は顕著な日傘効果を引き起こすためであり、モデルの不確実性による気候への影響は大きいものがあります（163ページの図6-2）。モデルによっては高く薄い雲が多く発生して正の放射強制力を引き起こすために、二酸化炭素による温暖化を増幅し、別のモデルでは低層の雲が多く発生して負の放射強制力が発生するために、温暖化を抑制する気候が計算されています。つまり、現在の気候モデルでは、温暖化によって雲が温暖化を増幅するのか、抑制するのかがわかっていないのです。この状況は、

図 6-7　地球気候を理解するためのさまざまなモデル群

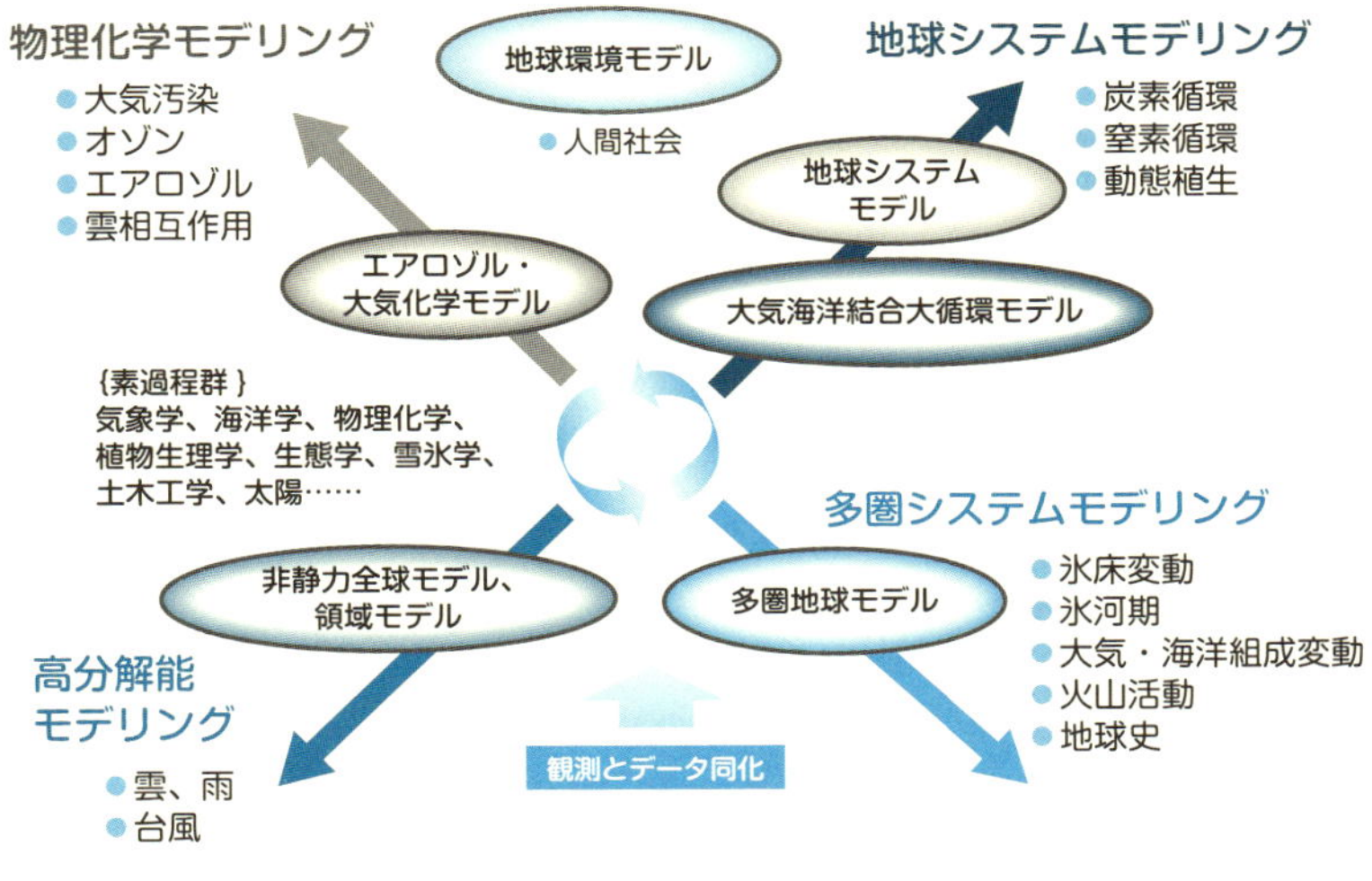

この10年間変わっていません。この問題がいかに難しいかがわかります。

特に熱帯での循環は不安定で、十数日単位で流れが変化し、数キロメートルスケールの深い対流雲が膨大なエネルギー交換を行っています。そのため、熱帯低気圧の予測は非常に難しいのです。

このような問題を解くために、日本は世界に先駆けて、次世代の気候モデルとされる「全球雲解像モデル」の開発を進めています。この新しい大気モデルは、非静力学正20面体格子大気モデル「ＮＩＣＡＭ」と呼ばれます。その名のとおり、正20面体分割格子を採用している新しい型の数値大気モデルです。現在では、3・5キロメートルメッシュの全球雲解像計算で、詳細な雲の分布が計算できるようになっています。図6-8はＮＩＣＡＭで計算した赤道域の対流雲のシステムです。人工衛星によって観測された雲システムの特徴を非常によく再現できています。全球雲解像モデルは、次世代の気候モデルとして幅広く運用されるようになるでしょう。

このような超高解像度モデルが登場してきた背景には、「地球シミュレータ」*4のような超高速なスーパーコンピュータの存在があります。3・5キロメートルの気候モデルを1カ月分〝時間積分〟するだけでも大変な作業です。したがって、最低10年間くらいの積分が必要な気候シミュレーションでは、まだこのような雲を分解できる最新のモ

＊4　地球シミュレータ
2002年に稼働した海洋研究開発機構所有のベクトル型スーパーコンピュータ。実行速度36 TFlopsを実現し、2002年から2004年まで世界ランキングTop 500の1位であった。現在の拡張型は最大理論性能131 TFlopsを実現、気候変動シミュレーションなど、さまざまな科学計算に利用されている。

デルを使うことができません。地球シミュレータは２００２年に誕生してから２年半の間、世界一のスピードを誇りました。そして、次の〝次世代スーパーコンピュータ〟である「京」が２０１１年には再び世界一のスピードを達成しました。これは「京速計算機」と呼ばれます。〝京速〟というのは、１秒間に１京《けい》回（１億の１億倍）の計算ができることを表しており、地球シミュレータの場合は１秒間に40兆回だったので、数値上はその２５０倍以上のスピードということになります。ただし、実際には多数のＣＰＵの間の通信に手間取るために、それほどは速くはなりま

図 6-8　3.5 キロメートルの格子サイズを持つ超高解像度モデル「NICAM」

雲のモデリングは難しいらしいけど、実際に衛星で観測された雲の分布とソックリ！ NICAM ってすごいんだね
MTSAT-1R
NICAM

衛星で観測された雲（左）を非常に高い精度でモデルで再現する（右）

［Miura et al.（Science, 2007）より］

せん。

大気の化学過程や放射強制力の見積もりにおいて大きな不確実性があるエアロゾルのモデリングも進展するでしょう。さらに、地球の表層システムに含まれるさまざまな諸現象をますます多く取り込むことによって、「地球システムモデル」が発展しつつあります。そこでは、温暖化による陸域植生と海洋生物の応答や炭素循環、窒素循環の役割が取り入れられ始めています。世界的に見れば、このようなモデリングはまだ発展途上で、モデルによる結果のばらつきは大きいのですが、今後さらに発展していくでしょう。これらに人間と相互作用する環境の観点を取り込んだ「地球環境モデル」などに発展することも期待できます。

その先には、さらに数万〜数十億年スケールの地球史のモデリングを可能にする多圏モデリングが展開していくと思われます。そこでは、氷床、大気と海洋の組成や量、火山活動、造山運動などのモデルが組み込まれるでしょう。

6-10 今、何が必要か？

これまで見てきたように、気候変動メカニズムについてはさまざまなものがあり、それらが発見されるごとに非常に多くの学説が生まれました。そのひとつひとつが時間とともに現実に起こっている現象によって試され、あるときは捨てられ、あるときは修正されながら現在の最新の知識が作られてきました。その間、試行錯誤と膨大な知識が集積され、第1章の冒頭に紹介したＩＰＣＣの結論につながったといえます。

地球の気候変動を理解するには、このような深い知識が必要なのです。そのため、温暖化の証明にはＩＰＣＣ第1次評価報告書が発行された１９９０年からほぼ20年以上を要したともいえます。この観点で見れば、今後１００年程度の時間スケールでは、その報告が示すことは信頼性の高いものであると結論できます。次の段階で必要なのは、このような地球温暖化の対策のアセスメントです。そのためには気候モデリングの精度をさらにもう一段上げなければなりません。

それにはモデルの徹底的な開発が必要です。第1章1-6節で挙げたカオス現象の例では、簡単なおもちゃで系の複雑な変化を説明しました。しかし、地球気候はこのようなおもちゃと違って、ずっと自由度が大きい（つまり、たくさんの振り子がつながった）系です。そうするとアトラクター（42ページの図1-10参照）の構造が非常に複雑になります。このような複雑系のカオス問題と予測限界の問題は、いまだに十分に研究されておらず、まだまだ発展の余地があると思います。長い経験によると、なんとなくたくさんの素過程を組み込むほど、現状をよく表すモデルができてきたと言えます。したがって、できるだけ第一原理から複雑系のモデルを作っていくことが重要だと思います。

同時に、地球観測の充実も必要です。得られたデータをデータ同化手法[*5]などを使ってモデル結果に取り込んだり、予測された計算結果の傾向と一致するかを調べることによって、モデルと仮定された入力データの見直しを行うことができます。このようにして、モデルと観測の両方を常に見ながら、地球気候の診断を続けることが必要です。

＊5　データ同化手法
モデルによるシミュレーション結果を、観測データに最適に近づけるための数値計算技術。モデルを動かすために外部から投入する初期状態や入力データにさまざまな摂動を与えてシミュレーションを多数回繰り返すことにより、観測データにもっとも近いシミュレーション解を推定する。

あとがき

結論として、多くのデータとシミュレーション結果によると、近年の地球温暖化現象は人間活動による温室効果ガスの増加が主要な原因であり、自然要因だけでは説明がつかないことを示しています。しかし一方で、自然変動要因も無視することはできません。私たちの経験からいえることは、地球の気候はさまざまな変化要因の微妙なバランスのうえに形成されているもので、その変化を理解するのは思いのほか難しいということです。また、最先端の気候研究のただ中で感じることは、「人間は容易に誤謬《ごびゅう》に陥る生き物」であるということです。だからこそ、地球温暖化の対策を立てるためには、多くの知識を注意深く組み立てて、ものの本質を深く理解しなければなりません。この点が、地球温暖化問題の特殊性といえるでしょう。

いずれ、あと十年もすれば、何がより現実を表しているかがはっきりとわかるでしょう。それに関して、面白い図を紹介しましょう（次ページの図A）。NASAゴダード宇宙研究所のジェームズ・ハンセンらによる1981年の論文で発表されたこの図によると、すでに本編でも説明したように温度変化は一律な上昇を示すのではなく、上がったり下がったりしながら変化していることがわかります。このことが多くの懐疑論を生む背景になっています。

図A　CO_2、火山性エアロゾル、太陽照度、海洋の影響を含んだ全球地表面平均気温偏差

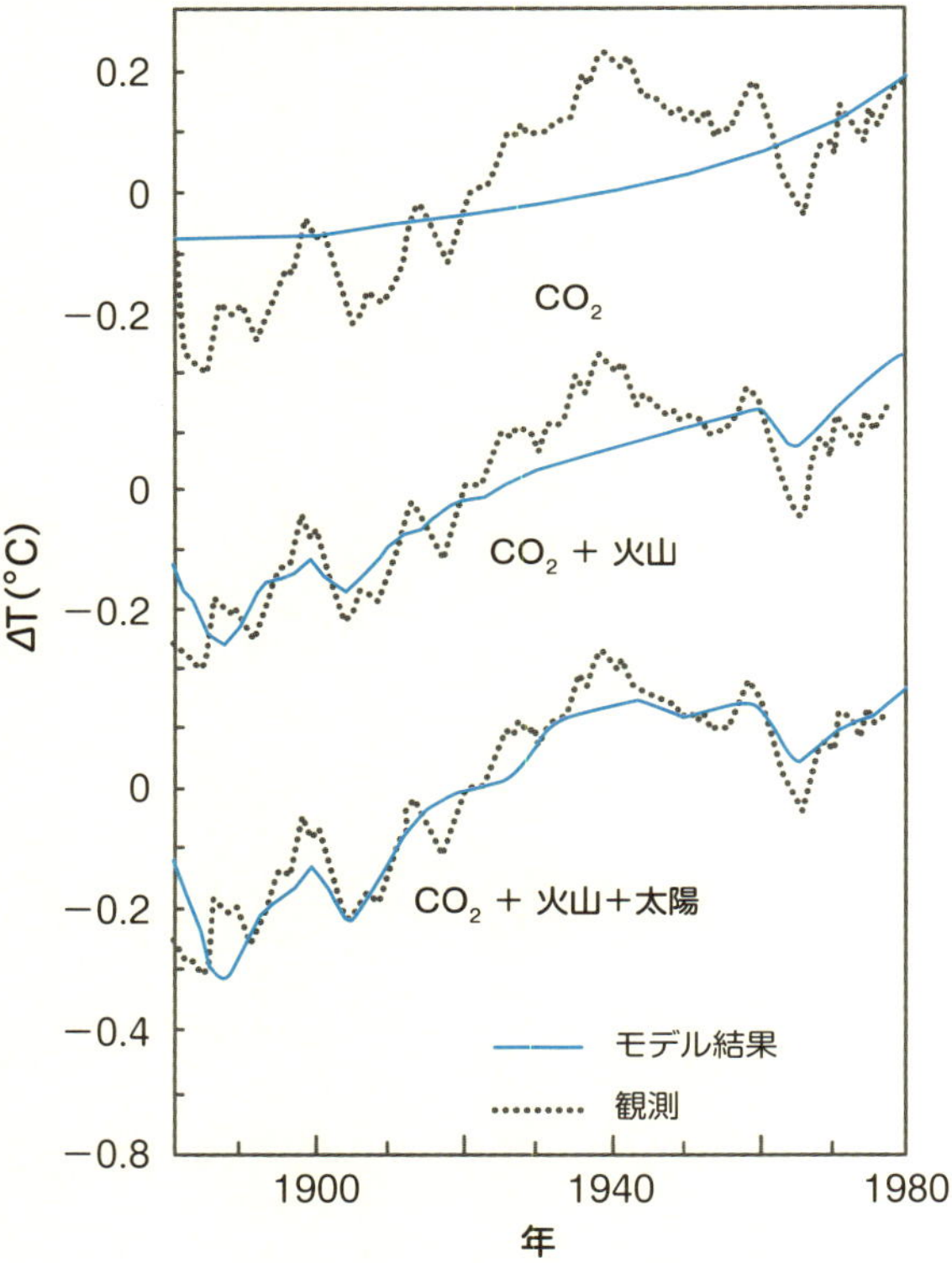

[Hansen et al.(1981)より]

この図はいわば図5-3（131ページ）に示した気温変化の時系列の一部ですから、現代に生きる私たちにとっては、1970年代頃に見られる温暖化傾向は、その後に続く温暖化傾向の一部であることがわかります。しかし、私たちが1981年に同じ質問をされたとしたら、近年の温暖化を予測できたでしょうか？　このような平均地表気温の複雑な変化を説明するために、1980年当時も研究者からさまざまな意見が出されていました。たとえば、1940年代から1960年代にかけての低温化傾向に基づき、当時、地球寒冷化が起こると恐れられました。しかし、現在では、当時の寒冷化傾向の原因は、火山活動や太陽活動に求めることができると考えられています。また、大気と海洋の間の相互作用による、長周期の共振現象に理由を求める者もいました。このように気候変化の研究というものは、その時点で唯一の解が与えられているものではなく、かなり実証的なものなのです。

これは、当時から格段に知識が進んだ現在でも当てはまることだと思います。地球の気候を形成している系（気候系）がかなり複雑で、どの変化についても異なるメカニズムを考慮する必要があるためです。特に太陽活動に関しては、11年／22年周期以外の周期を説明する理論も十分に確立されていません。

そのなかで、ハンセンらは1980年代にすでに、人為起源の二酸化炭素が増え続ける限り、1990年以降、気温の上昇傾向が顕著になるとモデル計算によって予測していました。彼らのモデルには、太陽放射の変化、火山活動のみならず、人為起源の二酸化炭素の増加が当時の最新の知識をもとに取り入れられており、これらの諸要因の寄与をきちんと計算することができたのです。それによると、このまま人為起源二酸化炭素が増加するならば、1990年頃から温室効果ガスによる温室効果が他の要因を圧倒するようになることが計算されていました。

これらの研究成果によって、ハンセン博士は2010年にブループラネット賞[*1]を受賞しました。印象深いのは、その記念講演において「1980年当時、地球温暖化現象についてどれくらいの自信を持っていたのか?」との中島の質問に、「当時から確信を持っていた」と答えたことです。この逸話は、気候現象に対する深い知識とそれに基づいた理論的予測が、いかに重要かを物語っています。

しかし、同時にハンセンの研究は、火山活動が今後頻発し続けたり、太陽のエネルギー出力が弱まれば、地球が寒冷化することを否定してはいません。事実、ハンセンらは1940年から1960年代の寒冷化傾向は火山活動が頻発したことにより成層圏が汚染されたためだと結論しています。

今、重要なことは、このように複雑な変化の仕組みを、過去の気候変化を含めてで

*1 **ブループラネット賞**
旭硝子財団により1992年に創設された地球環境国際賞。ジェームズ・ハンセンは2010年に受賞。

きるだけ正確に理解して、将来起こるべき事態に対処すること、また、考慮していなかった不測の事態が起こった場合には、モデルに変更を加えて予測の向上に努めることでしょう。いたずらに地球温暖化懐疑論に陥って判断停止に至れば、対策のための貴重な時間を失うことになります。むしろ、対策の努力と、気候変化のより一層の研究努力が必要です。現在、ＩＰＣＣでは第5次評価報告書の執筆が行われており、２０１３年から２０１４年にかけて発表されますので、本書で記述が不十分だった部分について新たな知見がもうすぐ示されることになります。

本書は、このような気候変化研究を俯瞰して、今私たちが何を信じるべきかについて、基礎的な仕組みをみなさんと考えてみる材料になればという思いから生まれました。その手法として、現代的な温暖化の知識のみならず、数年から数十億年にもわたるさまざまなスケールの気候変化を俯瞰することによって、さまざまな気候変化のメカニズムと気候の成り立ちを理解する方法を取りました。そこには膨大な知識が必要であり、中島と田近が分担してそれぞれの専門分野をカバーする必要がありました。

記述されているさまざまな気候変化は、さまざまな原因によって励起されており、非常に多くの記述が必要になることはわかっていました。しかし、地球システムがシームレスにつながっているグランドフィードバックシステムであることを考えると、そのなかには、相互に関連し、また共通するメカニズムがあります。そのような「変化のメカニズム」を理解することを目指して、構成を考えました。

最後になりますが、福島第一原子力発電所事故は、環境中に膨大な量の放射性物質をばらまきました。筆者らはこの問題についてもいろいろとかかわってきましたが、地球気候研究の問題と同じような課題と戦略上の問題点が、あちこちに見られることを経験しました。放射性物質の環境影響を把握するためには、今後数十年にわたる監視と研究が必要となるでしょう。温暖化研究と問題解決の道筋と同じように判断停止に陥ることなく、不断の努力をすることが大事だと思います。

２０１２年12月

中島　映至
田近　英一

引用・参考文献

第1章

・Fleming, J.R. (1998). *Historical Perspectives on Climate Change*, Oxford Univ. Press, Inc., ISBN:0-19-507870-5, 194pp.

・Goody, R.M., and Yung, Y.L. (1989). *Atmospheric radiation, Theoretical Basis. Second Edition*, Oxford Univ. Press, 519pp.

・IPCC 第 4 次評価報告書第 1 作業部会報告書 (2007). Solomon, S., D. Qin, M. Manning, Z. Chen, M. Marquis, K.B. Averyt, M. Tignor and H.L. Miller (eds.), Cambridge University Press, Cambridge, United Kingdom and New York, NY, USA. (日本語訳:http://www.data.kishou.go.jp/climate/cpdinfo/ipcc/ar4/index.html)

・関口美保 (2003). ガス吸収大気中における放射フラックスの算定とその計算最適化に関する研究 , 学位論文 , 東京大学 , 121pp.

・Trenberth, K. E. *et al.* (2009). Earth's global energy budget, *BAMS*, March 2009, pp.311-323.

・吉森正和 *et al.* (2012). 気候感度 Part 1：気候フィードバックの概念と理解の現状 , 天気 , Vol.59, pp.91-109.

第2章

・Abe, Y. (1993). Physical state of the very early Earth, *Lithos*, Vol.30, pp.223-235.

・Kasting, J.F. (1987). Theoretical constraints on oxygen and carbon dioxide concentrations in the Precambrian atmosphere, *Precambrian Research*, Vol.34, pp.205-229.

・Kasting, J.F. (1993). Earth's early atmosphere, *Science*, Vol.259, pp.920-926.

・Tajika, E. and Matsui T. (1990). The evolution of the terrestrial environment, In *Origin of the Earth* (Newsom, H.E. and Jones, J.H. eds.), Oxford Univ. Press, pp.347-370.

・Tajika, E. and Matsui, T. (1992). Evolution of terrestrial proto-CO_2 atmosphere coupled with thermal history of the Earth, *Earth and Planetary Science Letters*, Vol.113, pp.251-266.
・Walker, J.C.G. *et al.* (1981). A negative feedback mechanism for the long-term stabilization of Earth's surface temperature, *Journal of Geophysical Research*, Vol.86, pp.9776-9782.
・Zahnle, K.J. (2006). Earth's earliest atmosphere, *Elements*, Vol.2, pp.217-222.

第3章

・Berner, R.A. (2006). GEOCARBSULF：A combined model for Phanerozoic atmospheric O_2 and CO_2, *Geochimica et Cosmochimica Acta*, Vol.70, pp.5653-5664.
・Frakes, L.A. *et al.* (1992). *Climate Modes of the Phanerozoic*, Cambridge University Press, Cambridge, 274pp.
・Kirschvink, J.L. (1992). Late Proterozoic low-latitude global glaciation：The Snowball Earth, *The Proterozoic Biosphere* (Schopf, J.W. and Klein, C. eds.), pp.51-52, Cambridge Univ. Press.
・Kump, L.R. and Pollard, D. (2008). Amplification of Cretaceous warmth by biological cloud feedbacks, *Science*, Vol.320, p.195.
・Meyer, K.M. and Kump, L.R. (2008). Oceanic euxinia in Earth history：causes and consequences, *Annual Review of Earth and Planetary Science*, Vol.36, pp.251-288.
・Robert, F. and Chaussidon, M (2006). A palaeotemperature curve for the Precambrian oceans based on silicon isotopes in cherts, *Nature*, Vol.443, pp.969-972.
・Royer, D.L. *et al.* (2004). CO_2 as a primary driver of Phanerozoic climate, *GSA Today*, Vol.14 (3), pp.4-10.
・Tajika, E. (1998). Climate change during the last 150 million years：Reconstruction from a carbon cycle model, *Earth and Planetary Science Letters*, Vol.160, pp.695-707.
・Tajika, E. (2003). Faint young Sun and the carbon cycle：Implication for the Proterozoic global glaciations, *Earth and Planetary Science Letters*, Vol.214, pp.443-453.

・田近英一 (2009). 新潮選書「凍った地球――スノーボールアースと生命進化の物語」, 新潮社, 196pp.
・田近英一 (2009). DOJIN 選書「地球環境 46 億年の大変動史」, 化学同人, 228pp.

第4章

・阿部彩子・増田耕一 (1996). 第四紀の気候変動, 地球惑星科学 11 巻「気候変動論」, 岩波書店, pp.103-156.
・Abe-Ouchi, A. *et al.* (2007). Climatic Conditions for modelling the Northern Hemisphere ice sheets throughout the ice age cycle, *Climate of the Past*, Vol.3, pp.423-438.
・Barreiro, M. *et al.* (2008). Abrupt climate changes：How freshening of the Northern Atlantic affects the thermohaline and wind-driven oceanic circulations, *Annual Review of Earth and Planetary Science*, Vol.36, pp.33-58.
・Brook, E. (2008). Windows on the greenhouse, *Nature*, Vol.453, pp.291-292.
・Dansgaard, W. *et al.* (1993). Evidence for general instability of past climate from a 250-kyr ice-core record, *Nature*, Vol.364, pp.218-220.
・Ikeda, T., and Tajika, E. (2002). Carbon cycling and climate change during the last glacial cycle inferred from the isotope records using an ocean biogeochemical carbon cycle model, *Global and Planetary Change*, Vol.35, pp.131-141.
・伊藤孝士・阿部彩子 (2007). 第四紀の氷期サイクルと日射量変動, 地学雑誌, Vol.116 (6), pp.768-782.
・松岡景子ほか (2007). 海洋生物化学炭素循環モデルを用いた暁新世 / 始新世境界温暖化極大イベントにおける炭素循環変動の復元, 地学雑誌, Vol.115 (6), pp.715-726.
・中島映至 (1980). 地球軌道要素の変動と気候, 気象研究ノート, Vol.140, pp.503-536.
・大河内直彦 (2008). チェンジング・ブルー――気候変動の謎に迫る, 岩波書店, 402pp.
・Zachos, J. *et al.* (2001). Trends, rhythms, and aberrations in global climate 65 Ma to present, *Science*, Vol.292, pp.686-693.

第5章

・Agee, E.M., *et al.* (2012). Relationship of lower troposphere cloud cover and cosmic rays：An updated perspective, *J. Climate*, pp.1057-1060.

・江守正多 (2008). 地球温暖化の予測は「正しい」か？, 化学同人 .

・文部科学省 , 気象庁 , 環境省 (2009). 温暖化の観測・予測及び影響評価統合レポート ,「日本の気候変動とその影響」, 2009 年 10 月 .

・中澤高清・青木周司 (2010). 地球規模の炭素循環――大気 , 地球変動研究の最前線を訪ねる (小川利裕 , 及川武久 , 陽捷行遍), 清水弘文堂書房 , pp.88-108.

・中島映至・早坂忠裕編 (2008). エアロゾルの気候影響と研究の課題 , 気象研究ノート , 日本気象学会 , 218 巻 , 177pp.

・中島映至・井上豊志郎監訳 (2009). 変わりゆく地球 衛星写真にみる環境と温暖化 , 丸善株式会社 , ISBN：978-4-621-08110-5 C3044, 384pp.

・日本学術会議報告 (2009), 地球温暖化問題解決のために――知見と施策の分析 我々の取るべき行動の選択肢――, 2009 年 3 月 10 日 , 日本学術会議地球温暖化問題に関わる知見と施策に関する分析委員会 .

・National Oceanic and Atmospheric Administration. Trends in Atmospheric Carbon Dioxide：Full Mauna Loa CO_2 record. (http://www.esrl.noaa.gov/gmd/ccgg/trends/#mlo_full)

・U-T San Diego (2008). Keelings' half-century of CO_2 measurements serves as global warming's longest yardstick: March 27, 2008. (http://legacy.signonsandiego.com/news/science/20080327-9999-1c27curve.html)

第6章

・Friedlingstein, P., *et al.* (2006). Climate-carbon feedback analysis：Results from the C4MIP model intercomparison, *J. Climate*, Vol.19, pp.3337-3353.

・Gregory, J.M., *et al.* (2009). Quantifying carbon cycle feedbacks, *J. Climate*, Vol.22, pp.5232-5250.

・Hajima, T., *et al.* (2012). Climate change, allowable emission, and earth system response to representative concentration path way scenarios, *J. Meteor. Soc. Japan*, Vol.90, pp.417-434.

・国立環境研究所地球環境研究センター (2009). ココが知りたい地球温暖化 (気象ブックス 026), 成山堂書店 .

・Miura, H., M. Satoh, T. Nasuno, A.T. Noda, and K. Oouchi (2007). A Madden-Julian Oscillation Event Realistically Simulated by a Global Cloud-Resolving Model, *Science*, 318, 1763-1765, doi：10.1126/science.1148443.

・Moss, R.H., J.A. Edmonds, K.A. Hibbard, M.R. Manning, S.K. Rose, D.P. van Vuuren, T.R. Carter, S. Emori, M. Kainuma, T. Kram, G.A. Meehl, J.F.B. Mitchell, N.Nakicenovic, K. Riahi, S.J. Smith, R.J. Stouffer, A.M. Thomson, J.P. Weyant, and T.J. Wilbanks (2010). The next generation of scenarios for climate change research and assessment. *Nature*, 463, doi：10.1038/nature08823.
・O'ishi, R., *et al.* (2009). Vegetation dynamics and plant CO_2 responses as positive feedbacks in a greenhouse world, *Geophys. Res. Lett.*, Vol.36, L11706.
・Ridley, J.K., *et al.* (2005). Elimination of the Greenland ice sheet in a high CO_2 climate, *J. Climate*, Vol.17, pp.3409-3427.
・NASA news (2010). Missing 'Ice Arches' Contributed to 2007 Arctic Ice Loss：February 18, 2010. (http://www.nasa.gov/topics/earth/features/earth20100218.html)

あとがき

・Hansen, J. (1981). Climate impact of increasing atmospheric carbon dioxide, *Science*, Vol.213, pp.957-966.
・中島映至 *et al.* (2011). 原発事故：危機における連携と科学者の役割，科学，岩波書店，Vol.81, pp.934-943.

索引

E

EPICA 98

I

IPCC 12, 15, 122

L

LGM 96

N

NICAM 186

P

PETM 108

T

TNT換算 17
TSI 19

あ

アイス・アルベド・フィードバック 40, 79
アイスコア 97, 105, 106, 112
アガシー湖 116
アトラクター 42
アルベド 79, 149
安定同位体 97

い

イオン核 160
隕石衝突 15

う

ウィーンの変位則 22
ウォーカーフィードバック 59, 70
宇宙の元素の存在比 26
雲核 139, 160
雲核効果 148

え

エアロゾル 129, 139, 148
永久凍土 175
エネルギー保存則 17
エルニーニョ 40
円石藻 56

お

オゾン 61
オゾン層 62, 63
オゾンホール 64, 138
温室効果 32, 34, 36, 44
温室効果ガス 13, 27, 139, 144, 171
オントン・ジャワ海台 91

か

ガイア 46
海塩粒子 148
海底堆積物コア 68
海洋酸性化 174
海洋無酸素イベント 15, 91, 92
カオス現象 40
化学風化 55
核融合 17, 49
下降流域 170
火山活動 151
火山噴火 130, 151
可視光線 27
可視の窓 28
ガリレオ・ガリレイ 153
寒候期 15
完新世 96, 123
完新世気候最温暖期 120

岩石圏……39
間接気候効果……139, 149
間氷期……96
カンブリア紀……84

き

気温偏差……122
気孔……86
気候感度パラメーター……136
気候システム……38, 39
気候ジャンプ……79
気候進化……71
気候のジャンプ……41
気候変動枠組条約……171
気候モード……119
気候モデリング……151
気候モデル……184
軌道要素……98, 100
基盤岩……103
暁新世／始新世境界温暖極大……108
極域……19
極域氷床……43
極冠……78
極小期……141
銀河宇宙線……89, 158, 159

く

空間格子……128
雲システム……177
グランド・フィードバック……46

け

京速計算機……187
ケイ素同位対比……73
原始海洋……53
原始太陽系円盤……49
原生代……76
顕生代……76, 84, 87, 88

こ

コア……54
光合成生物……61
航跡雲……150
後氷期……96, 123
高分解能モデリング……185
古海水温……73
古環境指標……154
古気候変動……77
黒色頁岩……91
黒体……22
小柴昌俊……51
古生代……86
個体地球……77
古土壌……85
ゴンドワナ氷河時代……86

さ

歳差運動……100
最終間氷期……113, 124
最終氷期……96, 113
最終氷期最寒冷期……96
サブシステム……38, 42, 128
酸素同位対比……72, 96, 104, 113

し

シアノバクテリア……61
ジェームス・ウォーカー……59
ジェームス・ラブロック……46
始新世……108
主系列星……49
シュペラー極小期……154
小氷期……121, 155
縄文海進……120
植物プランクトン……85
ジョゼフ・フーリエ……36
ジョン・チンダル……26
新生代……86, 96, 120

す

スーパーカミオカンデ........................51
スーパープルーム活動........................91
ステファン・ボルツマン則................36
スノーボールアース............................67
スノーボールアース仮説....................81
スペクトル.................................22, 50

せ

星間物質..49
成層圏................................62, 63, 158
成層圏エアロゾル.............................139
正のフィードバック....................37, 43
赤外の窓...............................28, 29, 31
施肥効果..173
全球雲解像モデル.............................186
全球凍結イベント.................15, 67, 83
全球凍結状態.....................................79
全球融解..83
全太陽放射照度..................................19

た

第一原理..166
タイガ..175
大気温度の鉛直構造...........................25
大気・海洋結合モデル......................128
大気海洋大循環モデル........................68
大気組成..62
大気組成ガス......................................30
大気の「火照り」...............................35
大気の窓.....................................28, 29
大森林時代..88
大相互作用..46
大氷河時代..86
太陽活動..156
太陽定数..19
太陽ニュートリノ問題.........................51
太陽の黒点......................................157
太陽の磁場......................................157
太陽風..154
太陽放射....15, 18, 23, 34, 39, 50, 134
太陽放射エネルギー................153, 156
大陸地殻..55
大陸氷河..74
大陸氷床..74
対流域..170
対流圏.......................................63, 158
多圏システムモデリング..................185
暖候期...15
炭酸塩鉱物...................................53, 56
ダンスガード・オシュガー・イベント
....112
炭素14...154
炭素循環.......................................59, 60
炭素循環システム..........................70, 71
炭素同位対比......................................85

ち

地殻熱流量..66
地球温暖化現象..................................12
地球温暖化ポテンシャル..................138
地球環境モデル................................188
地球システム......................................33
地球システムモデリング..................185
地球システムモデル................129, 188
地球シミュレータ....................186, 187
地球-太陽システム.............................20
地球放射.....................23, 34, 134, 135
地質年代区分......................................84
地表面放射...30
チャールズ・キーリング..................143
中間圏...63
中生代..................................86, 88, 90
中世の温暖期....................................121
超新星...48
チョウノスケソウ............................116
長波放射..23
直接気候効果..........................138, 148

つ

ツンドラ……175

て

データ同化手法……190

と

トリニトロトルエン……17
ドロップストーン……74

な

ナビエストークス方程式……167
南北間の熱の分配……114

に

二酸化炭素濃度……146, 174
二酸化炭素レベル……87
ニュートリノ……50
ニュートリノ振動……51

ね

熱塩循環……179, 180
熱赤外放射……23, 37

は

バイオスフェア……46
バイポーラー・シーソー……115
ハインリッヒ・イベント……118
白亜紀……90, 92
波長分布……22
パラメタリゼーション……166
ハロカーボン……27, 138
反射率……25, 149

ひ

日傘効果……32, 34, 139, 169
光解離……61
非線形の運動方程式……41
非対称コマ型……28
ヒプサシーマル期……120
氷塊……43
氷河期……96
氷河湖……116
氷河時代……74, 75, 76
氷期……96
標準太陽モデル……49
氷床……39, 44, 74, 181, 183
氷床コア……68
微惑星……66

ふ

フィードバック……37
風化反応……58
フォートラン……128
不対電子……54
物理化学モデリング……185
負のフィードバック……44, 59
部分凍結状態……79, 81
フラックス……18
プランクの放射関数……22
フレイバー……51
プロキシデータ……154
フロンガス……27
分子雲……48
分子雲コア……48
分子の運動状態……21

ほ

放射エネルギー……35
放射エネルギー収支……23, 24
放射強制力……134, 135, 137, 140, 141
放射性同位体……154
放射冷却……23
暴走温室効果……31
暴走温室状態……65

ま

マウンダー極小期
（マウンダーミニマム）……121, 141, 154
マグマの海（マグマオーシャン）……52

マグマの貫入……110

み

水循環……72
ミッシングシンクの問題……173
密度のゆらぎ……48
緑のサハラ……121
ミランコヴィッチ・サイクル……98, 107
ミランコヴィッチ仮説……98
ミルティン・ミランコヴィッチ……98

む

無凍結状態……79, 81

め

メタン生成菌……109
メタンハイドレート……109, 110, 111

も

燃える水……109
モデルの高解像度化……184
モンスーン循環……40
モントリオール議定書……64

や

ヤンガー・ドリアス……116

ゆ

有効黒体温度……22, 24, 25
有孔虫……56

よ

予測限界の問題……167

ら

ラルフ・キーリング……145

り

リグニン……88
離心率……99
臨界条件……65, 119

る

ルートヴィッヒ・ボルツマン……36

ろ

ローレンタイド氷床……116
ローレンツの蝶……42
ローレンツ問題……41

わ

惑星反射率……19, 31

執筆者紹介

◎ 中島映至（なかじま・てるゆき）

東京大学大気海洋研究所　地球表層圏変動研究センター長・教授。理学博士。

1950年東京生まれ。1977年東北大学大学院理学研究科地球物理学専攻単位修得退学。NASAゴダード宇宙飛行センター客員研究員（1987-1990）。専門は大気科学、衛星リモートセンシング分野などに多数の論文。日本学術会議会員、日本地球惑星科学連合　大気水圏科学セクションプレジデント、元国際大気放射学会長。

◎ 田近英一（たぢか・えいいち）

東京大学大学院新領域創成科学研究科複雑理工学専攻教授。理学博士。

1963年東京生まれ。1987年東京大学理学部地球物理学科卒業、1992年東京大学大学院理学系研究科地球物理学専攻博士課程修了。専門は地球惑星システム科学、地球惑星環境進化学。おもな著書に『大気の進化46億年――O_2とCO_2―酸素と二酸化炭素の不思議な関係』（技術評論社）、『地球環境46億年の大変動史』（化学同人）、『凍った地球――スノーボールアースと生命進化の物語』（新潮社）など。

知りたい！サイエンス

正《ただ》しく理解《りかい》する気候《きこう》の科学《かがく》

—— 論争《ろんそう》の原点《げんてん》にたち帰《かえ》る

2013年 2月 1日 初版 第1刷発行

著 者 中島映至《なかじまてるゆき》 田近英一《たぢかえいいち》
発行者 片岡 巌
発行所 株式会社技術評論社
東京都新宿区市谷左内町21-13
電話 03-3513-6150 販売促進部
03-3267-2270 書籍編集部
印刷・製本 港北出版印刷株式会社

定価はカバーに表示してあります

ISBN978-4-7741-5432-9 C3044
Printed in Japan

●装丁
中村友和（ROVARIS）

●本文デザイン
トップスタジオ（阿保裕美）

●編集、DTP
トップスタジオ